Kinder erfahren nachhaltiges Wirtschaften

Umweltbildung und Zukunftsfähigkeit

Herausgegeben von Dietmar Bolscho

Band 6

PETER LANG

Frankfurt am Main · Berlin · Bern · Bruxelles · New York · Oxford · Wien

Katrin Hauenschild
Beatrice von Monschaw
(Hrsg.)

Kinder erfahren nachhaltiges Wirtschaften

Eine Handreichung
für die Grundschulpraxis

PETER LANG
Internationaler Verlag der Wissenschaften

Bibliografische Information der Deutschen Nationalbibliothek
Die Deutsche Nationalbibliothek verzeichnet diese Publikation in
der Deutschen Nationalbibliografie; detaillierte bibliografische
Daten sind im Internet über <http://www.d-nb.de> abrufbar.

gefördert durch

Deutsche Bundesstiftung Umwelt

www.dbu.de

Gedruckt auf alterungsbeständigem,
säurefreiem Papier.

ISSN 1433-3236
ISBN 978-3-631-59295-3
© Peter Lang GmbH
Internationaler Verlag der Wissenschaften
Frankfurt am Main 2009
Alle Rechte vorbehalten.

Das Werk einschließlich aller seiner Teile ist urheberrechtlich
geschützt. Jede Verwertung außerhalb der engen Grenzen des
Urheberrechtsgesetzes ist ohne Zustimmung des Verlages
unzulässig und strafbar. Das gilt insbesondere für
Vervielfältigungen, Übersetzungen, Mikroverfilmungen und die
Einspeicherung und Verarbeitung in elektronischen Systemen.

Printed in Germany 1 2 3 4 5 7

www.peterlang.de

Inhaltsverzeichnis

Geleitwort von Alexander Bittner

I. Einleitung

1. **Kinder als Manager** — 9
   Dietmar Bolscho
   1.1 Kinder: Manager von morgen? — 9
   1.2 Einführung in den Band — 13
   1.3 Literatur — 14

II. Konzeptionelle Grundlagen

2. **Von der Lebenswelt zur ökonomischen Bildung – ein Beitrag zu Bildung für Nachhaltige Entwicklung mit Kindern** — 16
   Katrin Hauenschild
   2.1 Nachhaltige Entwicklung — 16
   2.2 Bildung für Nachhaltige Entwicklung (BNE) — 18
   2.3 Kinder und Ökonomie — 23
   2.4 Ökonomische Bildung im Sachunterricht — 26
       2.4.1 Inhalte — 26
       2.4.2 Methodische Möglichkeiten — 29
   2.5 Zusammenfassung: Ökonomische Bildung im Lichte von BNE — 35
   2.6 Literatur — 37

3. **Nachhaltige Schülerfirmen und Schülerläden** — 41
   Rolf Dasecke
   3.1 Beitrag nachhaltiger Schülerfirmen zu einer nachhaltigen Zukunftsgestaltung — 41
       3.1.1 Nachhaltige Schülerfirmen als primär pädagogisches Handlungsfeld — 42
       3.1.2 Beitrag zu einer nachhaltigen Zukunftsgestaltung — 43
       3.1.3 Betriebswirtschaftliche Handlungsfelder — 44
       3.1.4 Gesellschaftliche und soziale Aspekte von Schülerfirmen — 46
       3.1.5 Die ökologische Dimension nachhaltiger Schülerfirmen — 47
   3.2 Nachhaltige Schülerläden — 48
   3.3 Fazit — 52
   3.4 Literatur — 52

4. **Die Bedeutung außerschulischen Lernens für die Vermittlung von Bildung für Nachhaltige Entwicklung** — 54
   Karin Schulze
   4.1 Die Bedeutung außerschulischen Lernens — 54
   4.2 Außerschulische Lernorte und Bildung für Nachhaltige Entwicklung — 57
   4.3 Auswahl außerschulischer Lernorte — 58
   4.4 Außerschulische Experten und Akteure in der Schule — 58
   4.5 Zum Schluss — 60
   4.6 Literatur — 60

III. Nachhaltiges Wirtschaften erfahren in der Praxis

5. **Das Projekt: „Nachhaltiges Wirtschaften erfahren an Grundschulen"** 61
   Beatrice von Monschaw
   5.1 Formale und inhaltliche Struktur des Projektes 62
   5.2 Entwicklung der Schülerläden 81
   5.3 Zusammenfassung 86
   5.4 Literatur 87

6. **Evaluation des Projektes** 88
   Volker Lampe
   6.1 Fragestellung und Design der Studie 88
   6.2 Auswertung der ersten Schülerbefragung – Ergebnistendenzen 89
   6.3 Auswertung der aktionsorientierten Interviews – Ergebnistendenzen 92
   6.4 Ergebnisse der Ergänzungsstudie mit beteiligten Erwachsenen 93
   6.5 Zusammenfassung und Ausblick 94
   6.6 Literatur 95

7. **Schülerläden planen gründen und betreiben** 96
   Beatrice von Monschaw
   7.1 Planung 96
   7.2 Gründung eines nachhaltigen Schülerladens 100
   7.3 Betrieb 104
   7.4 Literatur 106

8. **Bildung für Nachhaltige Entwicklung unterrichten** 107
   Katrin Hauenschild & Volker Lampe
   8.1 Bildung für Nachhaltige Entwicklung didaktisch begründen 108
   8.2 Projektorientierte Bildung für Nachhaltige Entwicklung umsetzen 110
   8.3 Unterrichtsbausteine - Vorschau auf die Materialien der CD 116
   8.4 Literatur 122

9. **„Recht und billig" – abschließende Bemerkungen zur ökonomischen Grundbildung mit Kindern** 123
   Dietmar Bolscho

Autorinnen und Autoren

Inhaltsverzeichnis der CD

Geleitwort von Alexander Bittner

Das 2004 abgeschlossene BLK-Programm „21" sowie das 2008 abgeschlossene BLK-Programm „Transfer 21" stellen den theoretisch fundierten und praxisorientierten Versuch dar, Bildung für Nachhaltige Entwicklung (BNE) im Regelunterricht der Schulen zu verankern. Der Vermittlungsansatz „Schülerfirmen" erweist sich in beiden Programmen als ein besonders innovatives methodisch-didaktisches Konzept zur Anbahnung von Gestaltungskompetenz.

Besonders positive pädagogische Effekte werden dabei vor allem in der Zielgruppe der „schwächeren" Schülerinnen und Schüler erzielt. Während eine Vielzahl von in der Vergangenheit entwickelten BNE-Ansätzen in dieser Zielgruppe zu kurz greift, ist es der Ansatz der Schülerfirmen, der sich v. a. in den Haupt- und Förderschulen als besonders tragfähig erweist. Während am bereits abgeschlossenen BLK-Programm „21" insgesamt 200 Schulen der Sekundarstufe I und II beteiligt waren, erfuhren im Rahmen des BLK-Programms „Transfer 21" nun bis zum Jahr 2008 neben weiterführenden Schulen auch Grundschulen Berücksichtigung. Tragfähige methodisch-didaktische BNE-Konzepte für Grundschulen sind bislang selten. Mit dem in der vorliegenden Publikation dargestellten Ansatz der nachhaltigen Schülerläden an Grundschulen wird diesem Mangel an methodisch-didaktisch wie fachlich tragfähigen Bildungsansätzen konstruktiv begegnet. Hierbei wird der bereits im Rahmen der Sekundarstufe I und II bewährte Ansatz der Schülerfirmen für den Grundschulbereich fachdidaktisch modifiziert und zu einem grundschulspezifischen BNE-Ansatz weiterentwickelt. Gerade jüngeren Schülern wird so bereits in der Grundschule der Erwerb von Kompetenzen ermöglicht, die eine nachhaltige Gestaltung unserer Zukunft erfordert. Um eine didaktisch tragfähige Weiterentwicklung des Ansatzes Schülerfirmen für den Grundschulbereich zu gewährleisten, erfolgte die Modifikation des Bildungsansatzes in einer engen Kooperation mit in Schülerfirmen erfahrenen BNE-Experten aus den BLK-Programmen sowie mit Grundschuldidaktikern. Im Rahmen des BNE-Ansatzes „nachhaltige Schülerläden" wird das wirtschaftliche Handeln im Kontext einer Nachhaltigen Entwicklung in den Mittelpunkt der Aktivitäten gerückt, wobei in der Grundschule den besonderen Erfordernissen der Zielgruppe Rechnung getragen wird. Der auf einer Methodik der ökonomischen Grundbildung basierende Vermittlungsansatz fokussiert insbesondere auch auf die beiden Dimensionen Ökologie und Soziales.

Die in diesem Buch vorgestellten Entwicklungen und unterschiedlichen Ausprägungen des Ansatzes „nachhaltige Schülerläden an Grundschulen" zeigen, dass die didaktischen Leitlinien einer Handlungsorientierung, des Alltagsbezugs der gewählten Themen, des Ich-Bezugs von Thema und Herangehensweise sowie die Reduktion der Komplexität von Themen einer Nachhaltigen Entwicklung besondere Beachtung erfahren. Weiterhin zeigen die dargestellten Ansätze, dass eine enge Anbindung von BNE-Projektaktivitäten an den Fachunterricht möglich und fachlich sowie fachdidaktisch sinnvoll ist. Die Möglichkeiten der unterrichtlichen Einbindung des BNE-Ansatzes „Schülerläden" werden durch die in dieser Veröffentlichung zusammengefassten Projekt- und Unterrichtsmaterialien zur Vor- und Nachbereitung der BNE-Aktivitäten weiter befördert.

Es ist sehr erfreulich, dass der BNE-Ansatz „nachhaltige Schülerläden an Grundschulen" positive Wirkungen gerade auch bei schwächeren Schülern erzielt. Neben dem Erwerb von Fachkompetenzen in den Bereichen ökonomische Grundbildung, Ökologie und Soziales fördert der Bildungsansatz auch sog. Softskills, wie kommunikative, soziale und prozedurale Kompetenzen. Diese Kompetenzen dürfen im Vergleich zu den Fachkompetenzen in ihrer Relevanz für die weitere Schulbiographie als mindestens gleichrangig betrachtet werden.

Dr. Alexander Bittner
Deutsche Bundesstiftung Umwelt (DBU)

I. Einleitung

1. Kinder als Manager

Dietmar Bolscho

1.1 Kinder: Manager von morgen?

In einer Zeitungsnotiz war unter der Überschrift *Manager von morgen* zu lesen: „Spätestens seit der großen Finanzkrise sind wirtschaftliche Kenntnisse für das tägliche Leben praktisch unentbehrlich. Doch um die ökonomische Bildung an Deutschlands Schulen steht es nicht sonderlich gut, findet zumindest der Bankenverband. Er wirbt deshalb für das Fach ‚Wirtschaft' vom ersten Schuljahr an".

Auf den ersten Blick könnte man diese Forderung für eine hochrangig angesiedelte Legitimation des Projektes „Nachhaltige Schülerfirmen in der Grundschule" betrachten. Jedoch erscheint die Verbindung zwischen Wirtschaftskrise und dem möglichst frühen Beginn ökonomischer Bildung doch etwas befremdend und interessenbesetzt, denn schließlich haben Kinder, Jugendliche, Lehrerinnen und Lehrer sowie der ‚normale' Bürger diese Krise nicht durch ihre angeblichen oder tatsächlichen mangelhaften Kenntnisse über Ökonomie und, daraus resultierend, ihr fehlerhaftes Handeln verursacht. Vielmehr sind es weltweit agierende Konzerne, die im Geflecht der globalisierten Welt Handel treiben. Hinzu kommt die kritische Frage, ob die Schule der je nach gesellschaftspolitischer Situation periodisch vorgebrachten Forderung nach neuen Unterrichtsfächern und tagesaktuellen Unterrichtsinhalten in der zur Verfügung stehenden Unterrichtszeit überhaupt folgen kann und soll.

Für die Sekundarstufen wird in diesem Zusammenhang immer wieder ein verpflichtendes, eigenständiges Fach Wirtschaft in allen Schulen gefordert. So unterstützen die Bundesvereinigung der deutschen Arbeitgeberverbände (BDW), der Bundesverband der Deutschen Industrie (BDI) und das Deutsche Aktieninstitut ein Schulfach Ökonomie. Die damit verbundenen Probleme liegen auf der Hand: Woher soll die Schule – auch wenn sie mittelfristig vielleicht zur Ganztagsschule wird – die Zeit nehmen, um weitere Unterrichtsfächer in die Lehrpläne aufzunehmen? Darüber hinaus können neue Unterrichtsfächer in Lehrplänen nur verankert werden, wenn andere Fächer gekürzt oder gar gestrichen werden. Dieser Weg ist, wie die Bildungsreform seit Ende der 1968er Jahre gezeigt hat, unrealistisch und zudem in seiner von o.g. Interessenverbänden gewünschten Effektivität in Frage zu stellen.

Hinzu kommt eine implizite Fehlannahme sowohl in der Argumentation „Wirtschaft vom ersten Schuljahr an" als auch in der Forderung nach einem eigenen Schulfach, nämlich dass „früher und mehr" Ökonomie zu mehr Wissen führe, das dann die Menschen zu aufgeklärt handelnden Individuen befähige. Dann ist die Rede von Kindern, die „schlaue Anleger und Arbeitnehmer" werden (vgl. Kirsch 2008). Dabei ist hinreichend bekannt, dass mehr Wissen nur bedingt zu verändertem Handeln führt.

Was ist also eine angemessen Perspektive, wenn *Kinder zu Managern* ihres eigenen ökonomischen Handelns werden sollen? Hier hilft der im jüngeren Didaktik-Diskurs hoch im Kurs stehende Begriff der *Kompetenz* weiter. Weber hat – unter Bezug auf ein Positionspapier der Deutschen Gesellschaft für ökonomische Bildung (DEGÖB 2004) – ökonomische Kompetenz als „allgemeine Fähigkeiten im Sinne von kognitiven Problemlösefähigkeiten" (Weber 2008, S. 27) konkretisiert, die gefördert werden sollen:

- „Entscheidungen ökonomisch zu begründen unter Berücksichtigung der Entscheidungsannahme des Kosten-Nutzen-Kalküls bei Wahlentscheidungen,
- Handlungssituationen ökonomisch zu analysieren unter Berücksichtigung der Handlungsbedingungen ökonomischer Akteure zwischen Anreizen und Restriktionen,
- ökonomische Systemzusammenhänge zu erklären, die sich durch Arbeitsteilung, Kreisläufe und Interdependenzen ergeben,
- wirtschaftliche Rahmenbedingungen zu verstehen und mitzugestalten, deren Koordination durch Unsicherheiten, Risiken, Zielkonflikte und Dilemmata beeinflusst wird,
- Konflikte perspektivisch und ethisch zu beurteilen unter Berücksichtigung unterschiedlicher Interessen sowie ökonomischer (Effizienz, Rationalität) und ethischer Kriterien (Entfaltung, Partizipation, Sicherheit, Wohlstand, Freiheit, Gerechtigkeit, Nachhaltigkeit)".

In Webers Kompetenz-Beschreibungen, die nicht unumstritten sind (vgl. Gläser 2007, S. 162), gehen zwei Linien der Wissenschaft von der Ökonomie ein: Zum einen die Grundannahme vom *homo oeconomicus*, der „prinzipiell in der Lage ist, gemäß seinem relativen Vorteil zu handeln, d.h. seinen Handlungsraum abzuschätzen und zu bewerten, um dann entsprechend zu handeln" (Kirchgässner 1991, S. 17). Die Theorie des *homo oeconomicus* ist innerhalb der Wirtschaftswissenschaft und darüber hinaus auf Kritik gestoßen, vor allem weil sie Erkenntnisse aus der Psychologie zu wenig berücksichtige, etwa Handlungstheorien oder Werte und Wertewandel.

Die zweite Linie in der Wissenschaft von der Ökonomie ist die Entwicklung hin zur Verhaltensökonomie, in der interdisziplinär nach über Rationalität hinausgehende Motive ökonomischen Verhaltens geforscht wird, etwa die Bedeutung von Gruppen- und Sozialisationsprozessen oder die Rolle der Motivation für wirtschaftliches Verhalten. Die Verhaltensökonomie hat in den letzten Jahren erheblich an Bedeutung gewonnen (vgl. Frey, von Rosenstiel & Hoyos 2005). Sie betrachtet Ökonomie als „Sozialwissenschaft" (Frey 1990) und geht über das in den Wirtschaftswissenschaften üblicherweise unterstellte Rationalverhalten hinaus: Menschen handeln auch „wider besseres Wissen" (Frey 2009, S. 82).

Die Theorie von der ökonomischen Rationalität wird durch Erkenntnisse zum sozialen Dilemma oder – wie entsprechende Verhaltensweisen auch genannt werden – zur „Tragik der Allmende" relativiert, also der Nutzung der Umwelt als gesellschaftliches Allgemeingut. Ein klassisches anschauliches Beispiel ist von Hardin beschrieben worden: Auf einer gemeinsamen Weide lassen Schäfer ihre Herde weiden. Für den einzelnen Schäfer erscheint es kurzfristig vorteilhaft, wenn er sich mehr Tiere als die anderen Schäfer anschafft, um seinen Gewinn zu erhöhen. Der mögliche Schaden der mittel- und langfristigen Überweidung entfällt auf alle Schäfer und bleibt für den einzelnen Schäfer vergleichsweise gering. Das Dilemma entsteht dadurch, dass langfristig sich alle Beteiligten der Grundlage ihres Erwerbes berauben (vgl. Hardien 1968; Bolscho 1995). Es geht also um Konfliktsituationen, die sich dadurch ergeben, dass Einzelne durch ihr Verhalten kurzfristig Vorteile haben, wobei die ‚Kosten' dieses Verhaltens, im konkreten und übertragenen Sinn, auf alle verteilt werden, während langfristig, wenn alle Beteiligten so handelten, für alle Schaden entsteht (vgl. Frey & Bohnet 1996).

Vor diesem Hintergrund differenziert sich die Frage *Kinder als Manager?* weiter aus: Natürlich strebt das Projekt *Nachhaltiges Wirtschaften erfahren an Grundschulen* an, Kindern unter Berücksichtigung ihrer altersgemäßen angemessenen Fähigkeiten ökonomische Rationalität zu vermitteln, aber es kommen – um den von Weber gebrauchten Begriff zu verwenden – „ethische Kriterien" und wie Verhaltensökonomen sagen würden, psychologische Kriterien des Verhaltens hinzu, wie z.B. soziale Anerkennung durch für den Einzelnen bedeutsame Bezugsgruppen.

Unter didaktischen Perspektiven muss ökonomische Bildung, zumal diejenige mit Kindern, nach weiteren Referenzrahmen suchen, die über die Wissenschaft zur Ökonomie tagesaktueller Forderungen hinausgehen. Mit dem Leitbild Nachhaltige Entwicklung (NE) und daran anschließend Bildung für Nachhaltige Entwicklung (BNE) liegen Referenzrahmen vor, in denen nicht nur ökonomische Prozesse in ökologische und gesellschaftliche Zusammenhänge eingefasst sind und in lebensweltliche Bezüge gestellt werden, sondern die für eine eigenständige didaktische Begründung im Sinne eines Beitrages zur Allgemeinbildung von Kindern und Jugendlichen stehen.

Für die konzeptionelle Rahmung des Projektes *Nachhaltiges Wirtschaften erfahren an Grundschulen* liegen ausgeformte Konzepte zur Didaktik der Grundschule und innerhalb dieses Kontextes zur Didaktik des Sachunterrichts vor, die den Stellenwert des Projektes als Beitrag zur grundlegenden Allgemeinbildung anzeigen.

Grundschuldidaktik befasst sich mit den Lehr- und Lernprozessen bei etwa 6- bis 10-jährigen Kindern. In der Grundschuldidaktik besteht weitgehend Konsens, welchen Beitrag die Grundschule zur grundlegenden Allgemeinbildung leisten kann. Dieser Konsens lässt sich in Kürze wie folgt charakterisieren: Die

Primarstufe ist die grundlegende Bildungsstufe für das allgemein bildende Schulwesen (vgl. Klafki 1993). In ihr wird nicht nur der Grund gelegt im Hinblick auf Fertigkeiten und Fähigkeiten, die für die spätere Schullaufbahn von Bedeutung sind, sondern auch die Prozesse der Erschließung der Lebenswirklichkeit erfahren hier ihre entscheidende Prägung. Nicht zuletzt deshalb haben Schulreformer der Primarstufe stets besondere Aufmerksamkeit geschenkt, so z.b. in den siebziger Jahren als die "Bedeutsamkeit des frühen Lernens" zum zentralen Bezugspunkt inhaltlicher und organisatorischer Reformen wurden. Besondere Lernchancen bestehen in der Möglichkeit des fächerübergreifenden Lernens (z.b. Verbindung von Sach- und Sprachunterricht).

Für ökonomische Grundbildung mit Kindern im Zusammenhang mit BNE bietet sich als Zentrierungsfach der Sachunterricht an (vgl. Feige 2008); in ihm sind die späteren naturwissenschaftlichen und sozialwissenschaftlichen (Sach-) Fächer der Sekundarstufe integriert. Aber auch andere Fächer wie z.B. Deutsch und Mathematik können in bestimmten Bereichen mit einbezogen werden.

Der Sachunterricht hat als integrative Lernbereichsdidaktik die Aufgabe, Kindern Ausschnitte aus ihrer Lebenswirklichkeit zu erschließen und sie an die zunehmende Komplexität ihrer Lebenswirklichkeit heranzuführen (vgl. GDSU 2002; Niedersächsisches Kultusministerium 2006). Aus der Entwicklung der Sachunterrichtsdidaktik – zwischen der Begrenzung des Unterrichts auf die 'heile Welt' des Kindes und Ansätzen des wissenschaftsorientierten (Sach-) Unterrichts – hat sich gegenwärtig eine 'mittlere Linie' herausgeformt: Der überschaubare gesellschaftliche Raum ist nach wie vor der Ausgangspunkt des Lernens mit Kindern und konkretisiert sich u.a. in der aus dem Elementarbereich stammenden didaktischen Konzeption der Situationsorientierung. Zunehmende Mobilität und die ständig wachsende Bedeutung Neuer Medien bewirken jedoch, dass das "Fernliegende" auch für Kinder immer mehr Teil ihrer Lebenswirklichkeit wird, so dass gesellschaftliche Prozesse in der Nähe und in der Ferne gleichermaßen den Ausgangspunkt für ein problemorientiertes Lernen bilden. Ökonomische Grundbildung wird damit Teil der politischen Bildung von Kindern (vgl. Hauenschild 2008).

Diese Zielsetzung kann über das in den Sekundarstufen erprobte Konzept der Schülerfirmen eingelöst werden, in denen Lernen im überschaubaren gesellschaftlichen Raum erfahrbar gemacht wird (vgl. Dasecke Kap. 3 in diesem Band). Der Einwand liegt auf der Hand, dass mit der Verwendung des Begriffes Schüler*firmen* ein zu hoher Anspruch in einem Projekt mit Kindern verbunden sein könnte, da mit ‚Firma' die Verbindung zwischen Schul- und Arbeitswelt mitgedacht ist, die für Kinder noch nicht unmittelbar bedeutsam ist. Wir verwenden daher den Begriff Schüler*läden* (u.a. in Anlehnung an die Hof*läden* im landwirtschaftlichen Bereich), denn Kinder in der Grundschule können zwar eine Reihe von Aufgaben bewältigen, die Schülerinnen und Schüler in den ‚Firmen' der Sekundarstufe durchführen, sie sind jedoch auf eine begleitende Unterstützung angewiesen. Gemeinsam mit Lehrern, Eltern und Großeltern entwickeln sie eine Produkt- oder Dienstleistungsidee, bauen eine Betriebsstruktur auf und planen und realisieren die notwendigen Arbeiten in den Läden (Beschaffung, Produktion, Verkauf, Werbung etc.). Die Erfahrungen im Projekt *Nachhaltiges Wirtschaften erfahren an Grundschulen* konnten zeigen, dass die Kinder ernsthaft, zielbewusst und engagiert in den Schülerläden handeln und durchaus in der Lage sind, Verantwortung für ihr Tun zu übernehmen. Die Tätigkeiten der Kinder sind gekennzeichnet durch den *Ernstcharakter des Tuns;* ein didaktisches Prinzip, das Hermann Lietz (1868-1919) bereits für die von ihm begründeten Landerziehungsheime gefordert und praktiziert hat und das in der Projektmethode seinen Niederschlag gefunden hat (vgl. Hauenschild & Lampe Kap. 8 in diesem Band). In diesen Landerziehungsheimen haben die Schüler z.B. Gartenarbeit verrichtet; das angebaute Gemüse bereicherte dann die Schulküche (vgl. Lietz 1898). Von daher kann man sagen, dass *Nachhaltiges Wirtschaften erfahren* sich durchaus in dieser reformpädagogischen Tradition verankert sieht.

1.2   Einführung in den Band

Wir haben den Sammelband entlang der skizzierten konzeptionellen Grundlegung und der unterrichtsbezogenen Abläufe des Projektes *Nachhaltiges Wirtschaften erfahren an Grundschulen* aufgebaut. In den Abschnitten unter I. wird die theoretische Rahmung des Projektes dargestellt: In Kapitel 2 wird noch einmal an den Entstehungshintergrund von Nachhaltiger Entwicklung in seiner Bedeutung für Bildung für Nachhaltige Entwicklung erinnert. Das besondere Augenmerk richtet sich dabei auf didaktische Begründungen für Ökonomische Bildung im Sachunterricht (vgl. Beitrag Hauenschild, Kapitel 2).

Im 3. Kapitel wird das Projekt *Nachhaltiges Wirtschaften erfahren* vor dem Hintergrund der Erfahrungen mit Schülerfirmen in den Sekundarstufen auf sein Potential für ökonomische Bildung mit Kindern dargestellt (vgl. Beitrag Dasecke, Kapitel 3).

Didaktisch gesehen steht das Projekt in Verbindung mit den Erkenntnissen zu außerschulischen Lernorten: Sie sind ein wesentliches Merkmal des Projektes, da Schülerläden die Grenzen des herkömmlichen Unterrichts im Klassenraum überschreiten müssen, weil die Lebenswelt der Kinder zum Erfahrungsraum wird (Beitrag Schulze, Kapitel 4).

In den Abschnitten unter II. kommen die im Projekt gemachten Erfahrungen zur Sprache. Es beginnt mit formalen und inhaltlichen Strukturen, im Mittepunkt stehen jedoch ausgewählte thematische Beispiele, wie sie von den beteiligten Grundschulen entwickelt und durchgeführt worden sind (vgl. Beitrag v. Monschaw, Kapitel 5).

Ein Projekt muss sich der Frage nach Akzeptanz bei Lehrenden und Lernenden stellen. Dazu gibt der Beitrag von Lampe zu ausgewählten Aspekten der Evaluation Auskunft (Kapitel 6).

Im Beitrag von v. Monschaw (Kapitel 7) werden konkrete Hinweise zur Planung und Durchführung eines Schülerfirmenprojektes gegeben.

Der Beitrag von Hauenschild & Lampe (Kapitel 8) leitet zur unterrichtlichen Ebene über. Dabei steht Projektorientierung im Mittelpunkt. Darüber hinaus werden, nicht im Sinne von Unterrichtsrezepten, aber unterrichtlich unmittelbar anregende *Unterrichtsbausteine* in ihren Grundanliegen vorgestellt. Diese Unterrichtsbausteine, einschließlich der aus den Erprobungen gewonnenen Materialien, sind im Detail auf der dem Buch beiliegenden CD enthalten. Alle Unterrichtsbausteine enthalten auf das Thema bezogene Sachanalysen und didaktisch-methodische Begründungen.

In einer abschließenden Betrachtung wird *Nachhaltiges Wirtschaften erfahren* aus einer kritischen Distanz betrachtet (vgl. Beitrag Bolscho, Kapitel 9).

Wir hoffen, mit diesem Band deutlich machen zu können, dass Kinder durchaus Manager der für sie bedeutsamen ökonomischen Situationen sein können, ohne die Kinder mit der Erwartung zu überlasten, dass ihr Leben nur noch aus Ökonomie besteht und Kinder in ihrer – aus der Sicht von Erwachsenen – „Unwissenheit" für die Probleme heutiger und künftiger wirtschaftlicher Entwicklungen verantwortlich gemacht werden.

1.3 Literatur

Bolscho, Dietmar (1995): Umweltbewußtsein zwischen Anspruch und Wirklichkeit. Anmerkungen zu einem Dilemma. Frankfurt/M.

Bolscho, Dietmar; Hauenschild, Katrin (Hrsg.) (2008): Ökonomische Bildung mit Kindern und Jugendlichen. Frankfurt/M.

Deutsche Gesellschaft für ökonomische Bildung (DEGÖB) (2004): Kompetenzen der ökonomischen Bildung für allgemeinbildende Schulen und Bildungsstandards für den mittleren Schulabschluss. [www.degoeb.de; 11.03.2009].

Feige, Bernd (2008): Ökonomische Bildung im Sachunterricht der Grundschule. In: Bolscho, D.; Hauenschild, K. (Hrsg.): Ökonomische Bildung mit Kindern und Jugendlichen. Frankfurt/M., S. 107-120.

Frey, Bruno S.; Bohnet, Iris (1996): Tragik der Allmende. Einsicht, Perversion und Überwindung. In: Dieckmann, A.; Jaeger, C. (Hrsg.): Umweltsoziologie. Köln, S. 292-307.

Frey, Bruno S. (2009): Wider besseres Wissen. In: Psychologie heute, 36, Heft 2, S. 82-83.

GDSU – Gesellschaft für Didaktik des Sachunterrichts (2002): Perspektivrahmen Sachunterricht. Bad Heilbrunn.

Frey, Dieter (1990): Ökonomie ist Verhaltenswissenschaft. Die Anwendung der Ökonomie auf neue Gebiete. München.

Frey, Dieter; von Rosenstiel, Lutz; Hoyos, Carl Graf (Hrsg.) (2005): Wirtschaftspsychologie. Weinheim.

Gläser, Eva (2007): Ökonomische Bildung. In: Kahlert, J. u.a. (Hrsg.): Handbuch Didaktik des Sachunterrichts. Bad Heilbrunn, S. 159-163.

Hardin, Garrett (1968): The Tragedy of the Commons: In: Science, 162, S. 1243-1248.

Hauenschild, Katrin (2008): Bildung für Nachhaltige Entwicklung an Schulen – Stand und Perspektiven. Kursiv – Journal für Politische Bildung, Heft 4, S. 38-43.

Kirchgässner, Gebhard (1991): Homo Oeconomicus. Tübingen.

Kirsch, Ina (2008): Geld stinkt nicht. In: Süddeutsche Zeitung, Nr. 201, 29.12.2008, S. 24.

Klafki, Wolfgang (1993): Allgemeinbildung heute. Grundlinien einer gegenwarts- und zukunftsbezogenen Konzeption. In: Pädagogische Welt, 47, S. 98-103.

Lietz, Hermann (1898): Das Erste Jahr im D.L.E.H. Ilsenburg. In: Flitner, W.; Kudritzki, G. (Hrsg.): Die deutsche Reformpädagogik. Band I: Die Pioniere der pädagogischen Bewegung. Düsseldorf und München. S. 79.
Niedersächsisches Kultusministerium (Hrsg.) (2006): Kerncurriculum für die Grundschule, Schuljahrgänge 1-4, Sachunterricht.
Süddeutsche Zeitung, Nr. 297, 22.12.2008, S. 16.
Weber, Birgit (2008): Kompetenzen ökonomischer Grundbildung für Kinder und Jugendliche. In: Bolscho, D.; Hauenschild, K. (Hrsg.): Ökonomische Bildung mit Kindern und Jugendlichen. Frankfurt/M., S. 17-35.

II. Konzeptionelle Grundlagen

2. Von der Lebenswelt zur ökonomischen Bildung – ein Beitrag zu Bildung für Nachhaltige Entwicklung mit Kindern

Katrin Hauenschild

Ökonomische Prozesse finden in weltweiten Vernetzungen, in globalen Verflechtungen statt. Die Auswirkungen des ökonomischen Handelns auf globaler Ebene ziehen weitreichende Folgen für die Umwelt und die darin lebenden Menschen nach sich. Das Leitbild Nachhaltige Entwicklung (NE) macht diese Vernetzung ökonomischer mit ökologischen und soziokulturellen Aspekten zum Ausgangspunkt für zukunftsfähige Handlungsempfehlungen, wie sie auf der Konferenz der Vereinten Nationen zu „Umwelt und Entwicklung (UNCED) 1992 in Rio de Janeiro, dem sog. Erdgipfel, in der Agenda 21 von 178 Staaten der Erde anerkannt wurden. Bildung ist damit im 21. Jahrhundert aufgefordert, diese globalen Interdependenzen vielperspektivisch zum Gegenstand in Unterricht und Schule zu machen. Bildung für Nachhaltige Entwicklung (BNE) versucht, dieser Anforderung gerecht zu werden.

In den folgenden Abschnitten werden die Grundlagen von NE und BNE so weit in verdichteter Form skizziert, wie es zur Begründung eines Referenzrahmens für ökonomische Bildung im Zeitalter der Globalisierung und in Bezug auf die Erhaltung von Ressourcen für zukünftige Generationen notwendig ist. Die Referenzrahmen NE und BNE sind, wie Ökonomie insgesamt, durch hohe Komplexität gekennzeichnet, so dass zu fragen bleibt, inwiefern sie in lebensweltliche Erfahrungszusammenhänge von Kindern eingefasst werden können. Dazu liegen empirische Erkenntnisse vor (vgl. 2.3). Daraus ergeben sich Möglichkeiten der curricularen Einbindung, die im Abschnitt 2.4 dargestellt werden.

2.1 Nachhaltige Entwicklung

Die Geschichte der Nachhaltigen Entwicklung ist hinreichend bekannt. Am anschaulichsten wird der Grundgedanke von NE, wenn man auf schon vor mehreren Jahrhunderten entworfene Konzepte aus der Forstwirtschaft blickt (vgl. im ff. Hauenschild & Bolscho 2007, S. 31 ff.): Von Hannß Carl von Carlowitz (1645-1714) erschien 1713 das Buch *Sylvicultura oeconomica oder haußwirtschaftliche Nachricht und naturmäßige Anweisung zur wilden Baum-Zucht*. Hannß Carl von Carlowitz hatte – in heutiger Terminologie ausgedrückt – ein Sachverständigen-Gutachten für seinen Landesherrn, August den Starken, verfasst. Der Anlass weist verblüffende Parallelen zur Gegenwart auf.

Die Krise des sächsischen Silberbergbaus, der auf Holz als Energiequelle angewiesen war, löste die Aktivitäten aus. Durch Übernutzung war das Holz knapp geworden, die Energiequelle des Silberbergbaus war also gefährdet. Vor diesem Hintergrund empfiehlt der damalige Sachverständige den „*pfleglichen*

Umgang" mit Holz, genau in dem Sinne, wie es heute eine der vier „grundlegenden Regeln" zur Nachhaltigkeit im Hinblick auf die ökologische Dimension besagt (Enquete Kommission „Schutz des Menschen und der Umwelt", 1994, S. 29): „Die Abbaurate erneuerbarer Ressourcen soll ihre Regenerationsrate nicht überschreiten". Auch die Substitutionsregel, also Ersatz für verbrauchte Ressourcen zu finden, hatte der sächsische Experte bereits im Blick: er schlug zur Entlastung des Holzverbrauches den Rückgriff auf Torf vor.

Auch die Zusammenhänge von Ökonomie und Gesellschaft waren Hannß Carl von Carlowitz nicht fremd: „Die Hebung von Handel und Wandel" müsse „zum Besten des gemeinen Wesens" dienen: Ohne eine gewisse wirtschaftliche Prosperität für möglichst viele könne es keine angemessene gesellschaftliche Entwicklung geben. Von Carlowitz hat also das Nachhaltigkeits-Dreieck in seinen Grunddimensionen Ökologie, Ökonomie und Gesellschaft bereits damals umrissen und die Vernetzung (Retinität) dieser Dimensionen mitgedacht. In den Nachhaltigkeits-Diskursen der Gegenwart muss neben der Vernetzung der Dimensionen die globale Perspektive hinzukommen.

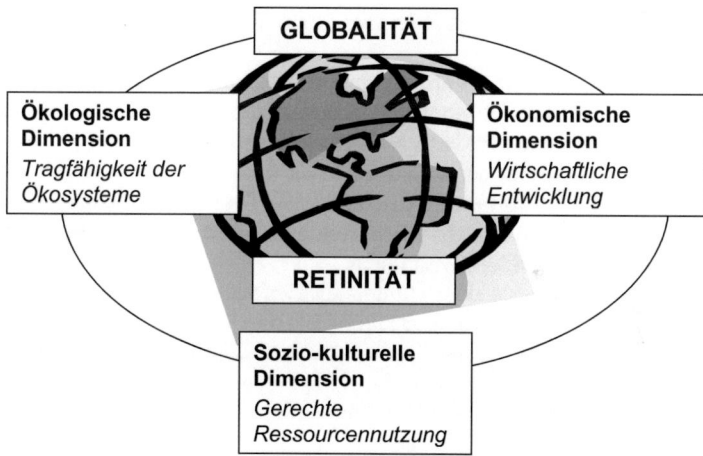

Abb. 1: Dimensionen des Leitbildes Nachhaltige Entwicklung[1]

Mit dem Leitbild Nachhaltige Entwicklung ist das zentrale Ziel verbunden, die natürlichen Lebensgrundlagen zu erhalten und einen gerechten Ausgleich zwischen Entwicklungs- oder Schwellenländern und industrialisierten Ländern des Nordens zu schaffen.

Zwei Beispiele aus der Gegenwart, an denen die Grundanliegen Nachhaltiger Entwicklung deutlich werden und die auch Kindern an praktischen, auf ihre Lebenswelt bezogenen Beispielen deutlich werden können:

---

[1] Vgl. zum Leitbild Nachhaltige Entwicklung ausführlich Hauenschild & Bolscho 2007.

Beispiel *Konsum*: „Wie viele Dinge braucht der Mensch?" Er braucht – so diejenigen, die sich vielleicht zunächst in kleinen Schritten von dem befreien wollen, was auch Konsumzwang genannt wird – wohl nicht so viele Dinge, wie er, einen gewissen ökonomischen Status vorausgesetzt, haben könnte. „Gut leben statt viel haben" wurde bereits 1996 in der damals aufgeregt diskutierten Studie *Zukunftsfähiges Deutschland* des Wuppertal Instituts für Klima, Umwelt, Energie als Leitbild proklamiert (vgl. BUND/Misereor 1996, S. 206-224). Der Anreiz für die Menschen bestünde im „Zeitwohlstand" statt im „Güterreichtum" (ebd., S. 221). Und in der aktuellen Studie des Instituts wird diese Konsequenz wieder aufgegriffen und sogar noch zugespitzt: Es sei zu vermuten, „dass die Polung auf das Warenglück eher für eine Reihe sozialer Pathologien verantwortlich ist wie Vereinzelung, Depression oder Größenwahn. Jedenfalls gibt es keinen starken Grund, warum in wohlhabenden Ländern ein Einbruch im gesellschaftlichen und persönlichen Wohlbefinden zu erwarten sein soll, wenn der Umfang des Warenkorbs stagniert oder gar zurückgeht. Im Gegenteil, so kann man sich fragen, warum soll die Biosphäre Stück für Stück für ein Wirtschaftswachstum geopfert werden, das nicht einmal das Glück der Menschen voranbringt? (BUND, Brot für die Welt & Evangelischer Entwicklungsdienst 2008, S. 236).

Beispiel *Ernährung*: „Eine Vermarktung von Nahrungsmitteln unter Nachhaltigkeitsaspekten vermeidet umweltbelastende Transporte durch regionale Versorgungskonzepte" und „fördert die Stärkung lokaler Absatzmärkte", analysierte das Umweltbundesamt bereits vor mehr als einem Jahrzehnt (UBA 1998, S. 138; UBA 2002). Hier treffen *ökologische* (z.B. Transportbelastung), *ökonomische* (z.B. Stärkung strukturschwacher Regionen) und soziale (z.B. Qualität statt Quantität wird nachgefragt) zusammen.

Der viel zitierte Satz aus dem Brundlandt-Bericht (vgl. Hauff 1987) steht hier als Leitlinie: Eine Entwicklung anzustreben, die den Bedürfnissen der heutigen Generation entspricht, ohne die Möglichkeit künftiger Generationen zu gefährden, ihre eigenen Bedürfnisse zu befriedigen und ihren Lebensstil zu wählen. Diese intra- und intergenerationelle Gerechtigkeit bezeichnet das übergreifende Ziel von Nachhaltiger Entwicklung.

2.2 Bildung für Nachhaltige Entwicklung (BNE)

Bildung wird in der Agenda 21, dem zentralen Dokument der Rio-Konferenz 1992, als Voraussetzung zur Verbreiterung des Nachhaltigkeits-Leitbildes betrachtet. Im Kapitel 36 heißt es: „Ziel ist die Förderung einer breitangelegten Bewusstseinsbildung als wesentlicher Bestandteil einer weltweiten Bildungsinitiative zur Stärkung von Einstellungen, Wertvorstellungen und Handlungsweisen, die mit einer nachhaltigen Entwicklung vereinbar sind" (BMU 1997, S. 264).

Die Bildungspolitik hat sich dem umweltpolitischen Diskurs zur Nachhaltigen Entwicklung mit einer gewissen Verzögerung angenommen. Die Bundesregierung legte 2001 einen *Bericht zur Bildung für eine nachhaltige Entwicklung* vor, in dem ein Auftrag des Deutschen Bundestages vom Juni 2000 umgesetzt worden ist. Dieser Bericht war gewissermaßen der ‚Nachfolgebericht' zum 1997 erschienenen *Bericht zur Umweltbildung*. Es heißt einleitend in diesem Bericht: „Bildung für eine nachhaltige Entwicklung ist mehr als Umweltbildung. Sie unterscheidet sich von der Umweltbildung ebenso wie von der entwicklungspolitischen Bildungsarbeit durch einen breiteren und umfassenderen Ansatz (...). Bildung für eine nachhaltige Entwicklung soll zur Realisierung des gesellschaftlichen Leitbildes einer nachhaltigen Entwicklung im Sinne der Agenda 21 beitragen und hat zum Ziel, die Menschen zur aktiven Gestaltung einer ökologisch verträglichen, wirtschaftlich leistungsfähigen und sozial gerechten Umwelt unter Berücksichtigung globaler Aspekte zu befähigen" (Bundesregierung 2001, S. 4).

Ist *Bildung für nachhaltige Entwicklung* also Umweltbildung in neuem Gewande? Ja und nein! Ja insofern, weil sie *ein* Kernstück der Umweltbildung, die ökologische Dimension nach wie vor einschließt, nein, weil sie ökonomische und gesellschaftlich-kulturelle Dimensionen einbezieht und didaktische Grundfragen entwicklungspolitischer Bildung aufnimmt (vgl. Hauenschild & Bolscho 2007).

Es ist also festzuhalten, dass sich BNE eindeutig aus dem Diskussionszusammenhang des umweltpolitischen Umfeldes von *sustainable development* entwickelt hat (vgl. Bolscho & Seybold 1996). Die Eckpunkte sind bekannt: Brundlandt-Report 1987, UNCED-Konferenz in Rio de Janeiro 1992 und bestätigt in der Johannesburg Konferenz 2002. Etwas Verwirrung könnte die unterschiedliche Übersetzung von *sustainable development* im Deutschen stiften: dauerhafte Entwicklung, dauerhaft-umweltgerechte Entwicklung, zukunftsfähige Entwicklung, global Nachhaltige Entwicklung. Es mag begriffsakribisch anmuten, darauf hinzuweisen, dass der Begriff „nachhaltige Bildung" nicht verwendet werden sollte, da er dazu tendiert, den Begriff Nachhaltigkeit mehr oder minder umgangssprachlich im Sinne von „lang andauernd" zu verstehen und dadurch den Entstehungshintergrund verwischt.

Seit Mitte der 1990er Jahre wurden konzeptionelle und didaktische Orientierungen für BNE ausgeformt, in denen Umweltbildung und entwicklungspolitische Bildung neben Schulfächern und fächerübergreifenden Lernbereichen den curricularen Rahmen Bildung für Nachhaltige Entwicklung im Sinne eines integrativen Ansatzes ausmachen (vgl. Hauenschild & Bolscho 2007; Hauenschild 2008a, 2008b).

Die Bund-Länder-Kommission für Bildungsplanung und Forschungsförderung (BLK) formulierte in ihrem Orientierungsrahmen wesentliche Gestaltungsgrundsätze als didaktische Prinzipien und Schlüsselqualifikationen für verschiedene Bildungsbereiche (vgl. BLK 1998, S. 27 ff.): System- und Problemorientierung, Verständigungs- und Wertorientierung, Kooperationsorientierung, Situations-, Handlungs- und Partizipationsorientierung, Selbstorganisation, Ganzheitlichkeit. Diese didaktischen Kriterien korrespondieren nicht nur eng mit denen des Sachunterrichts der Grundschule, sondern vor allem mit Prinzipien politischer Bildung, die von Reeken (2001, S. 54 ff.) für den Sachunterricht formuliert: Wissenschaftsorientierung, Problemorientierung, Situationsorientierung, Handlungsorientierung sowie Berücksichtigung der Geschlechterdifferenz (hier geht es vor allem um den Abbau geschlechtsspezifischer Ungleichheit und um bessere politische Partizipationschancen für Frauen).

Für die Verankerung von BNE im schulischen Bereich werden im BLK-Programm „21" (BLK 1999), an dem bis 2004 fast 200 Schulen in 15 Bundesländern teilgenommen haben (vgl. Rode 2005), Unterrichts- und Organisationsprinzipien in drei Modulen verdichtet: interdisziplinäres Wissen, partizipatives Lernen sowie innovative Strukturen. Neue Inhalte und Organisationsformen sowie die Einbeziehung des außerschulischen Umfeldes können Grundpfeiler partizipatorischer Konzepte sein, durch die ein nachhaltiges Schulleben für Schülerinnen und Schüler an Glaubwürdigkeit und Bedeutsamkeit gewinnen. Die Verbindung von demokratisch geregeltem Schul- und Klassen-(Er-)Leben mit nachhaltigkeitsorientierten Unterrichtsthemen ermöglicht über die kognitive Auseinandersetzung hinaus das praktische Erfahren politischer Themen (vgl. Richter 2007).

Kinder und Jugendliche sind in ihrer Lebenswelt täglich mit gesellschaftlichen Fragen konfrontiert. Sie sind nicht nur über Medien informiert, sondern erleben politische Phänomene direkt in ihrem Alltag: In der Familie, in Peer-Gruppen, in der Schule, in anderen institutionellen Einrichtungen wie z.B. in Vereinen, in der Kirche usf. und natürlich als aktive Mitglieder der Gesellschaft (z.B. im Zusammenleben der Geschlechter, im Zusammenleben von Menschen unterschiedlicher kultureller Orientierung, in der Konsumwelt …). Die wesentliche Aufgabe von Schule und Unterricht ist es, Lernende bei der Bewältigung der Wirklichkeit zu unterstützen und ihnen im Sinne von Partizipation Gestaltungsmöglichkeiten zu eröffnen.

Das Ziel: Gestaltungskompetenz

Das zentrale Ziel von BNE ist *Gestaltungskompetenz*. Gestaltungskompetenz ist die Befähigung zur aktiven und zukunftsgerichteten Reflexion über und Teilhabe an gesellschaftlichen Entwicklungen in Hinblick auf die ökologischen, ökonomischen und sozialen Folgen globaler und lokaler Umweltveränderungen (vgl. BLK 1999). Im Kern zielt Gestaltungskompetenz auf die Analyse nachhaltiger und nicht nachhaltiger Entwicklungen und auf darauf basierende begründete Entscheidungs- und Handlungsprozesse (vgl. de Haan 2008), die acht Teilkompetenzen umfassen (vgl. de Haan 2002, S. 15 f.):

- die Kompetenz, vorausschauend zu denken,
- die Kompetenz zu weltoffener Wahrnehmung, transkultureller Verständigung und Kooperation,
- die Kompetenz, interdisziplinär zu arbeiten,
- Partizipationskompetenzen,
- Planungs- und Umsetzungskompetenzen,

- Fähigkeit zu Empathie, Mitleid und Solidarität,
- die Kompetenz, sich und andere motivieren zu können,
- die Kompetenz zur distanzierten Reflexion über individuelle wie kulturelle Leitbilder.

Gebündelt berühren die Teilkompetenzen die Bereiche Wissen, Bewerten und Handeln (vgl. Rost, Lauströer & Raack 2003). Diese Dreiteilung zielt auf die im Rahmen politischer Bildung geforderte Grundkompetenz *Mündigkeit*. „Das bedeutet, dass der Mensch sein Leben aktiv, frei und aus Einsicht gestaltet, dass er autonom am politischen, kulturellen und gesellschaftlichen Leben teilnimmt und dass er seine Pflichten, aber auch seine Rechte kennt und wahrzunehmen in der Lage ist." (Henkenborg 2001, S. 3 f.). Zusammengefasst heißt Mündigkeit, dass der Mensch „selbstbestimmt und verantwortungsfähig Entscheidungen trifft, denkt und handelt. (...) Insofern ist der Begriff der Mündigkeit nicht nur auf die Förderung des Individuums konzentriert, sondern ist zugleich auf eine Veränderung der Gesamtgesellschaft ausgerichtet" (ebd., S. 4). Mündigkeit ist damit mit den von der OECD (2005) ausgewiesenen Schlüsselkompetenzen kompatibel, die sowohl dem erfolgreichen Leben von Individuen als auch gut funktionierenden Gesellschaften zugute kommen sollen. Selbstverwirklichung der individuellen Persönlichkeit auf der einen und Übernahme von Verantwortung in der Gesellschaft auf der anderen Seite sind auch die zwei Pole von Bildung, wie sie Hartmut von Hentig (1996) setzt. Hier zeigen sich die Ziele grundlegender Allgemeinbildung des Sachunterrichts: Selbst- und Weltverstehen.

Konsequenzen für den Sachunterricht

Insgesamt fußt Gestaltungskompetenz auf einem kritischen und aufklärerischen Bildungsbegriff, der vor allem durch Offenheit charakterisiert ist (vgl. Hauenschild & Bolscho 2007; Hauenschild 2008c) und für ein zeitgemäßes Allgemeinbildungskonzept einer gegenwarts- und zukunftsbezogenen Konzeption steht, in dem in Anlehnung an Klafki (1992) Selbstbestimmungs-, Mitbestimmungs- und Solidaritätsfähigkeit zum Bildungsprofil des Sachunterrichts werden. Mit dieser Grundlegung ist der Sachunterricht prinzipiell an gesellschaftlich relevanten Problemfeldern orientiert und versperrt sich einem affirmativen Bildungsverständnis (vgl. Feige & Hauenschild 2007). Die Bildungswirksamkeit des Sachunterrichts liegt vielmehr in der Förderung kritischer Urteils- und Handlungsfähigkeit, womit er den Beitrag zum Welt- und Selbstverständnis des Menschen leistet (vgl. Köhnlein 2007a).

Im Rahmen politischer Bildung sind Analyse-, Urteils- und Handlungsfähigkeit (vgl. von Reeken 2001) zentrale Ziele des integrativen Schulfachs Sachunterricht, das sich konzeptionell als Mittler zwischen Kind und Sache versteht und deklaratives (Analyse, Wissen), metakognitives (Urteilen, Bewerten) und prozedurales (Handeln, Gestalten) Wissen befördern soll (vgl. GDSU 2002). Das eigentümliche konzeptionelle Selbstverständnis des Sachunterrichts ist dabei nicht nur herausgefordert, die Sache auf die lebensweltlichen Erfahrungen des Kindes zu beziehen, sondern diese gleichsam in ihrer Bildungswirksamkeit im Spannungsfeld der unterschiedlichen fachdisziplinären Zugänge zu vernetzen. Eigens in dieser Herausforderung des Sachunterrichts findet BNE in allen Perspektiven, wie sie im niedersächsischen Kerncurriculum wie auch im Perspektivrahmen der Gesellschaft für Didaktik des Sachunterrichts (GDSU) ausgewiesen sind[2], Platz: Nicht nur die natur- und raumbezogene auch die historische und technische und vor allem die sozial- und kulturwissenschaftlichen Perspektive nehmen nachhaltigkeitsorientierte Themen auf. Allerdings muss hier eingeräumt werden, dass die formale Zuordnung nachhaltigkeitsrelevanter Themen zu einzelnen (disziplinär orientierten) Perspektiven des Sachunterrichts angesichts ihrer Komplexität in vernetzten Strukturen nicht gänzlich gelingen kann und letztlich absurd ist. Gleiches gilt für Themen und Inhalte ökonomischer wie politischer Bildung: Sie sind zwar in erster Linie in der sozial- und kulturwissenschaftlichen Perspektive des Sachunterrichts angesiedelt, dennoch besteht auch hier der Anspruch, gesellschaftliche Phänomene in ihren Interdependenzen offenzulegen und durchschaubar zu machen.

Im Sachunterricht führt ökonomische Bildung in konzeptioneller Hinsicht nach wie vor „ein Schattendasein" (Feige 2008, S. 108): Ökonomische Themen haben in der Heimatkunde nach dem 2. Weltkrieg, in wissenschafts- und fachpropädeutischen Ansätzen seit den 1970-er Jahren sowie in späteren konzeptionellen Entwürfen auf programmatischer Ebene zwar immer eine Rolle gespielt, doch ist es bisher nicht gelungen, ökonomische Bildung so weit ins Licht grundschuldidaktischer Diskurse zu rücken, dass sie sich als ein fester Bestandteil in der Sachunterrichtsdidaktik hätte positionieren können. In den neueren Kerncurricula zum Sachunterricht und im Perspektivrahmen Sachunterricht der GDSU ist ökonomische Bildung nicht als eigenständige Perspektive ausgewiesen, obwohl in zeitgemäßen didaktischen Entwürfen zum Sachunterricht ökonomische Bildung als wichtiger Bestandteil einer lebensweltorientierten und vielperspektivischen Konzeption gesehen wird (vgl. im Überblick Feige 2007; 2008). So wird bei Köhnlein (1996) wie auch bei Kahlert (2002) ökonomische Bildung als eigenständiger Lernzugang des Sachunterrichts ausgewiesen, und auch bei Richter (2002) werden ökonomische Themen betont. Ebenso setzen sich Kiper & Paul (1995) sowie Gläser (z.B. 2007) mit ökonomischer Bildung in der Grundschule auseinander. Dennoch stehen ökonomische Themen in den Kerncurricula im Schatten exponierter Perspektiven, wie Natur, Technik, Raum, Geschichte und Gesellschaft. Lampe (2008) konnte in einer Analyse aller Rahmenpläne und Kerncurricula einen Anteil ökonomisch orientierter Themen in allen Perspektiven von gerade mal 14% ausmachen.

Mit dem Lernbereich Bildung für Nachhaltige Entwicklung erhält ökonomische Bildung für die Grundschule nicht nur eine besondere Bedeutsamkeit, sondern auch einen innovativen und gesellschaftsrelevanten Referenzrahmen, an

---

[2] Vgl. Niedersächsisches Kultusministerium 2006; GDSU 2002.

dem Ziele und Inhalte ökonomischer Bildung zu orientieren sind (vgl. Bolscho & Hauenschild 2008). Insbesondere Schülerläden bieten – in Analogie zu Schülerfirmen in den Sekundarstufen I und II – für nachhaltigkeitsorientierte ökonomische Bildung Möglichkeiten, handlungsorientiert Kompetenzen anzubahnen, indem Kinder eigenständig einen „Betrieb" in der Schule bewirtschaften. Kinder können in Schülerläden bereits in der Grundschule volks- und betriebswirtschaftliche Prozesse praxisorientiert erfahren und grundlegende Kompetenzen ausbilden.

2.3   Kinder und Ökonomie

In die Sozialisation von Kindern spielen ökonomische Prozesse hinein, vor allem weil Kinder eine nicht unerhebliche Konsumentengruppe sind, die über Kaufkraft und Einfluss auf die Kaufentscheidungen in der Familie verfügen. Daher richten sich zielgruppenspezifische Marketingstrategien direkt an Kinder. Das hat seinen Grund: 6- bis 13-jährige Kinder verfügten im Jahre 2008 insgesamt über rund 6,4 Mrd. € pro Jahr. In dieser Summe sind etwa 3,8 Mrd. € Sparguthaben und 1,6 Mrd. € Taschengeld enthalten. Der Rest entfällt auf Zuwendungen zu Geburtstagen und Weihnachten (vgl. Kids-Verbraucher-Analyse 2008). Der größte Teil des Taschengeldes wird für Süßigkeiten (59 %) ausgegeben, es folgen „Zeitschriften/Comics" mit 46 % und „Eis" mit 35 % (vgl. ebd.).

Kinder sind zum einen aktive Konsumenten, zum anderen erfahren und beobachten sie ökonomisch bedingte gesellschaftliche Probleme. Dass Kinder wirtschaftliche Zusammenhänge durchaus verstehen können, wird ihnen oft nicht zugetraut.

Empirische Forschungen zum Verständnis von Ökonomie zeigen jedoch, dass Kinder zwar oft noch präkonventionell denken, jedoch altersgemäß durchaus strukturelle ökonomische Zusammenhänge zu durchschauen in der Lage sind. Webley stellt in einem umfassenden Forschungsbericht fest: „It is clear from the literature on economic education (…) and the intervention literature (…) that it is possible to teach many economics concepts to children aged 7 – 11." (2005, S. 63). Webley weist darauf hin, dass zwei Faktoren für die Vermittelbarkeit ökonomischer Konzepte an Kinder von hoher Bedeutung sind: die „direct experience" und „cross-cultural differences". Der erste Faktor ist unabdingbar und spricht für die Notwendigkeit einer handlungs- und situationsbezogenen ökonomischen Grundbildung bei Kindern, auf deren Grundlage kognitive Prozesse angestoßen werden. Der zweite Faktor meint die soziokulturelle Abhängigkeit von Lern- und Wahrnehmungsprozessen bei Kindern zur Ökonomie. Webley nennt als Beispiel farbige Kinder in Südafrika, die einen fatalistischen Blick auf Arbeitslosigkeit haben und meinen, Gott sei dafür verantwortlich, d.h., dass diese Kinder noch keine elementaren Einblicke in gesellschaftliche Hintergründe von Arbeitslosigkeit haben und in ihrer ‚Erklärungsnot' höhere Mächte dafür verantwortlich machen.

Kölbl (2008, S. 39) fasst die Forschungssituation im Hinblick auf „die Zugewinne in der Entwicklung des ökonomischen Verständnisses" zusammen und kommt zu dem Schluss, dass bei Kindern im Wesentlichen drei Faktoren eine Rolle spielen:
- allgemeine Entwicklung kognitiver Strukturen,
- aktive Teilhabe an ökonomischen Geschehnissen,
- gezielte Instruktion.

Man kann aus diesen Befunden für die Gelingensbedingungen ökonomischer Grundbildung mit Kindern wohl den Schluss ziehen: Nicht alles ist Kindern lehrbar, die Restriktionen in der kognitiven Entwicklung von Kindern sind nicht ‚außer Kraft zu setzen', z.b. in Bezug auf die begriffliche Abstraktheit ökonomischer Konzepte. Ohne „aktive Teilhabe", also didaktisch gesprochen: ohne handlungs- und situationsorientierte Lernarrangements ist ökonomische Grundbildung kaum sinnvoll. Vielmehr sind ökonomische Lernfelder, die für die Lebenswirklichkeit von Kindern bedeutsam sind, geeignet, bei Kindern Kompetenzen anzubahnen, die ihr eigenes Wirtschaftshandeln anleiten (vgl. Beck/Wuttke 2005). Wenn ökonomische Prozesse für die Lebenswirklichkeit von Kindern bedeutsam und auf ihr Wirtschaftshandeln bezogen sind, zeigen Kinder mikroökonomische Kompetenzen (vgl. ebd.).

An lebensweltbezogenen Beispielen lässt sich die Entwicklung der ökonomischen Vorstellungen von Kindern zeigen. Kinder gehen auf der Suche nach Erklärungen zwar manchmal (denkerische) Umwege und äußern erwartungsgemäß mitunter „Fehl"-Vorstellungen, treffen aber dennoch oft den Kern der Probleme. Moll (2001) hat Kindern eine Geschichte vorgelesen und daran anschließend die Meinungen der Kinder in Interviews erhoben. Die Geschichte lautete (S. 77 ff.):

> Beim Einkaufen in einem Lebensmittelgeschäft hörte die neunjährige Elke, wie der Vertreter einer Schokoladenfabrik zu dem Kaufmann sagte: ‚Ich verkaufe Ihnen die Schokolade heute sehr billig. Jede Tafel kostet nur 30 Cent'. ‚Das ist ja prima', dachte Elke. ‚So billig habe ich noch nie Schokolade kaufen können'. Und sie bat den Kaufmann um eine Tafel für 30 Cent. Der Kaufmann antwortete zu Elkes Überraschung: ‚Für Dich kostet die Tafel Schokolade 60 Cent'. Elke fand das ungerecht. Beim Hinausgehen war sie noch immer mit diesem Gedanken beschäftigt, als sie sich erinnerte, dass der Kaufmann im Nachbardorf noch ein Geschäft hatte. Sie sagte vor sich hin: der Kaufmann macht ganz schön, was er will. Er verkauft die Schokolade teuer und lässt in seinem Geschäft andere Leute für sich arbeiten und kassiert nur das Geld.

Kinder antworteten z.B. so: Sabine und Marianne (7 bzw. 8 Jahre alt) meinten: „Zu großen Leuten muss er gerecht sein, aber Kinder kann er an der Nase herumführen, (…) vielleicht kostet es für den Kaufmann nur 30 Cent, damit er das erst mal verkaufen kann". Christian (10 Jahre): „Der kauft aber auch mehr (…) eine ganze Palette, vielleicht kriegt er es [deswegen] ein bisschen günstiger".

In Miriams Meinung deutet sich bereits ein ökonomisches Prinzip an: „Der verkauft teuer, weil er mehr Gewinn machen will". [Aber] „Die anderen Leute kriegen ja bestimmt auch was bezahlt, wenn sie da [im anderen Geschäft] arbeiten". Miriam hat in nuce erkannt, dass Geschäfte Gewinn machen müssen, um Leute zu beschäftigen und deren Gehälter zu bezahlen. Der Bezug zum Projekt *Nachhaltiges Wirtschaften erfahren an Grundschulen* liegt auf der Hand: Miriams Äußerungen sind Impulse, an die in der Praxis von Schülerläden angeknüpft werden kann.

Gläser (2002, S. 151 ff.) hat Kinder gefragt, was ihnen zu „Arbeit" einfalle. Der 9-jährige Bastian antwortete u.a.: „Dass man sich anstrengt, und dafür kriegt man Geld, damit verdient man seinen Lebensunterhalt. Also ich arbeite auch schon, Baby sitting, im Haushalt helfen, dafür kriege ich immer einen Euro". Der Unterschied zur Arbeit der Erwachsenen ist Kindern schon klar: „Ja, die Erwachsenen kriegen mehr Geld und müssen auch härtere Sachen machen und bei denen dauert es auch länger. Haben oft Zoff mit ihren Chefs".

Immerhin verbringen Kinder, zumindest gegenwärtig, die Hälfte des Tages in der Schule. Mithin bietet sich die Frage an, ob Schule auch Arbeit sei. Bastian meint: „Es ist keine Arbeit, man wird für die Arbeit dort ausgebildet. Damit man nicht dumm auf der Straße rumhockt, wie manche". Und zur Frage, ob das, was die Mutter macht, auch Arbeit sei, antwortet Bastian: „Auf meinen kleinen Bruder aufpassen, Haushalt, Essen kochen, putzen, waschen. Aber dafür kriegt sie leider kein Geld (…)".

Diese Äußerungen von Kindern könnten nahezu die Grundlage eines Curriculum zur ökonomischen Grundbildung mit Kindern abgeben, bei dem allerdings Kontexte der Ökonomie wie Ökologie oder Globalität einzubeziehen wären, so wie es im vorliegenden Projekt zu nachhaltige Schülerläden angestrebt wird.

Beim Thema „Arbeit" kann das Problem der Arbeitslosigkeit nicht ausgeklammert werden. Wie sehen Kinder, die in heutiger Zeit damit nahezu in allen gesellschaftlichen Schichten durch ihre Eltern damit in Berührung kommen können, die Probleme von Arbeitslosigkeit? Den Kindern wurde folgende Geschichte präsentiert (vgl. Moll 2001, S. 28 ff.):

> Tanjas Bruder hat seine Lehre als Automechaniker beendet und arbeitet nun seit drei Jahren in einer Autowerkstatt. Nun muss der Betrieb schließen. Bernd ist jetzt arbeitslos und weiß noch nicht, ob er bald wieder Arbeit bekommt. Er hat jetzt viel Zeit. Seine Schwester Tanja, die noch zur Schule geht, wünscht sich auch so viel Freizeit wie Bernd. ‚So ein Leben möchte ich auch einmal haben', sagte sie eines Tages zu ihrer Mutter. Die Mutter antwortete nachdenklich: ‚Glaubst du wirklich, dass Bernd so ein angenehmes Leben hat?'

Aus den Äußerungen der Kinder wird deutlich, dass sie in der Regel zwar noch nicht ein entsprechendes Fachvokabular verwenden, aber in ihrer Sprache dennoch Arbeitslosigkeit in der Perspektive Betroffener nachzuvollziehen in der Lage sind, so z.B. Marianne (8 Jahre): „Glaub' ich nicht, dass Bernd so ein angenehmes Leben hat. Der verdient dann ja auch kein Geld, der braucht ja Geld zum Leben". Der Aspekt fehlendes Geld wird in vielen Äußerungen der Kinder angesprochen und auch die staatlichen Unterstützungssysteme sind Kindern bekannt: „Auf jeden Fall kriegen die Arbeitslosen Arbeitslosengeld."

Als Fazit kann festgehalten werden, dass aus entwicklungspsychologischer und sozialisationstheoretischer Perspektive Inhalte ökonomischer Grundbildung durchaus an die Wahrnehmungen von Kindern im Grundschulalter anschlussfähig sind. So ist es nicht nur für das zukünftige, sondern auch für das gegenwärtige Leben von Kindern bedeutsam, wirtschaftliche Themen möglichst früh zu thematisieren – d.h. nach Albers (1995), in ökonomische Denkweisen einzuführen und zur Bewältigung wirtschaftlich geprägter Lebenssituationen beizutragen.

2.4 Ökonomische Bildung im Sachunterricht

2.4.1 Inhalte

Für ökonomische Bildung im Sachunterricht sind zumeist „Konsumwelt" und „Arbeitswelt" – nach Weber weiter differenziert in Konsum, Werbung und Geld einerseits sowie Arbeit, Produktion und Beruf andererseits (2008, S. 23) – als übergeordnete Themenkomplexe ausformuliert. Zwar gibt es zu diesen Themenbereichen gehaltvolle Unterrichtsvorschläge, diese sind jedoch bisher nicht explizit auf die mit dem Leitbild Nachhaltige Entwicklung verbundenen Anforderungen bezogen.

Im Zusammenhang mit BNE geht es darum, ökonomische Themen zum Ausgangspunkt für die Erschließung sozial und ökologisch verträglicher Mitgestaltungsmöglichkeiten zu machen, so dass vor allem wirtschaftsethische Fragen einen höheren Stellenwert erhalten. Die fünf Inhaltsfelder

- Geld,
- Konsum/Werbung,
- Arbeit/Berufe,
- Wettbewerb und
- Armut/Reichtum

stellen hier ein geeignetes sach- *und* lebensweltsystematisches Raster dar.

Das Themenspektrum nachhaltigkeitsorientierter ökonomischer Bildung im Sachunterricht kann hier nicht vollständig abgebildet werden. Vielmehr sollen exemplarisch Themenvorschläge systematisiert werden, die an das Alltagshandeln von Kindern anschlussfähig sind. Dass es zwischen den fünf Inhaltsfeldern zu Überschneidungen kommt, ist im Sinne des didaktischen Prinzips Vernetzung bewusst intendiert (vgl. Hauenschild 2008b):

- *Geld*: In das Inhaltsfeld Geld fallen in erster Linie finanzorientierte Themen. Herkunft und Funktion des Geldes am Beispiel des Taschengeldes, der eigene Umgang mit Geld, (Tausch-) Handel, Sparen und Banken sind hier z.B. häufig bearbeitete Themen.
- *Konsum/Werbung*: Dieses Inhaltsfeld schließt unmittelbar an das Inhaltsfeld Geld an und soll in erster Linie von eigenen Bedürfnissen und Wünschen der Kinder ausgehen. Funktionen von Werbung, eigene Konsummotive und

-entscheidungen (in Hinblick auf Angebot, Werbung, Qualität, soziale und ökologische Aspekte), Produktanalysen (in Hinblick auf Produktwege und ihre Folgen) sind u.a. weitere Themen.

- *Arbeit/Berufe*: Dieses Inhaltsfeld umfasst Themen wie Arbeit im historischen Wandel, Bedeutung von Arbeit, verschiedene Berufe (Handwerk/Industrie, „typische" Männer-/Frauenberufe, eigene Berufs- und Zukunftswünsche, Familie), Arbeitsteilung, Arbeitsstätten, Produktionsprozesse, Arbeitszeit/Freizeit (Konsum, Tourismus ...), Arbeitsmarkt, Arbeitsschutz, Arbeitslosigkeit und ihre Folgen.

- *Wettbewerb*: Im Anschluss an das Inhaltsfeld Arbeit/Berufe sowie im Überschneidungsbereich mit Konsum/Werbung sind hier Themen wie Beschaffung/Produktion/Vertrieb/Entsorgung in Hinblick auf die Vernetzung ökonomischer, ökologischer und soziokultureller Faktoren besonders geeignet, nachhaltigkeitsrelevante Fragen zu erarbeiten. Weitere Themen sind z.B. Angebot und Nachfrage, Preisbildung, die drei Wirtschaftssektoren Urproduktion, Produktion und Dienstleistung, Minimum-/Maximumprinzip und (fairer) Handel.

- *Armut/Reichtum*: Dieses Inhaltsfeld zielt in erster Linie auf die Förderung wirtschaftsethischer Grundbildung. Mögliche Themen sind: Bedeutung von Eigentum, soziale Ungleichheit, Bedingungen und Folgen von (Kinder-) Armut/Reichtum (auch absolute/relative Armut), Gerechtigkeit, Menschenrechte, Kinderarbeit, Nord-Süd-Problematik, z.B. dass Güter in unterschiedlichen Regionen und Ländern der Erde ungleich verteilt sind.

Lampe (2008, S. 121 ff.) hat in einer inhaltsanalytischen Arbeit zeigen können, dass das Themenfeld „Konsum und Werbung" mit 45 % der behandelten Themen in der ökonomischen Bildung im Sachunterricht dominiert.

Das folgende Beispiel soll exemplarisch anschaulich machen, wie die Vernetzung von Themen nachhaltigkeitsorientierter ökonomischer Bildung gelingen kann.

Ein Projektbeispiel zum Thema Müll: „Da fällt was ab!"

Ausgangspunkt des Projektes kann das Thema *Müll* sein, das ein „klassisches" Umweltthema des Sachunterrichts ist (vgl. Hauenschild 2008b).

Zugang:

- Die Kinder (und Eltern) tragen bei einer außerschulischen Aktion „Müll" (Abfall, Schrott, Schuttteile etc.) zusammen. Sie unterscheiden wiederverwertbare von nicht-recyclebaren Materialien und setzen sich mit Fragen der Abfall-Entsorgung auseinander.

Erarbeitungsmöglichkeiten:

- An diesen Lernanlass kann das Inhaltsfeld Arbeit/Berufe angeschlossen werden („Wer ist für die Entsorgung zuständig?", „Welche (Arbeits-) Prozesse bei der Entsorgung gibt es?", „Welche Berufe spielen eine Rolle?" (Müllwerker etc.)).

- Eine weitere Möglichkeit ist, aus den gesammelten Materialien etwas herzustellen, z.B. Spielzeuge, und diese beispielsweise bei einem Schulfest zu verkaufen und daraus Gewinne zu erzielen. Daran lassen sich auch (globale) sozio-kulturelle Bezüge erarbeiten, indem u.a. Themen wie Leben, Wohnen, Spielen von Kindern in Entwicklungsländern bearbeitet werden. Aufgaben und Ziele der interkulturellen und entwicklungspädagogischen Bildung können hier Anschluss finden. Auch der eigene Umgang mit (Taschen-)Geld ist hier ein Thema.

- Die wiederverwertbaren Materialien (Pfandflaschen aus Kunststoff oder Glas, Eisenschrott) werden in ihrem (Geld-) Wert beurteilt: Mit der Ab-/Rückgabe wiederverwertbarer Materialien werden Rohstoffe in den Wirtschaftskreislauf zurückgeführt (Mehrwert). Der Geldwert besteht für die Kinder darin, dass die Ab-/Rückgabe der Materialien eine rentable Einnahmequelle darstellt.

- Die erzielten Gewinne können der Klassenkasse zugute kommen.

Vertiefungsmöglichkeiten:

- Die Gewinne regen zu der Frage an, wofür das Geld genutzt werden soll:
  o das Geld kann für spätere Investitionen gespart werden (Inhaltsfeld Sparen und Banken),
  o das Geld kann im Sinne von Gemeinnützigkeit an Hilfsorganisationen oder für bedürftige Kinder innerhalb der Klasse gespendet werden (Inhaltsfeld Armut/Reichtum),
  o das Geld kann für eine Anschaffung verwendet werden.

- Mit der Entscheidung für eine Investition der Gewinne für die Klassen- oder Schulgemeinschaft sind weiterführende Fragen zu bearbeiten: Bedürfnisse müssen herausgearbeitet und eine Einigung in der Diskussion erzielt werden (Inhaltsfeld Konsum). Mögliche Anschaffungen sind neben (Lern-) Spielen oder Einrichtungsgegenständen für die Klasse auch Anlagen für die Außenbereiche der Schule, z.B. für den Schulgarten, indem beispielsweise Nisthilfen für Tiere („Insektenhäuser") angeschafft werden.

- Daran schließen sich weitere Aktivitäten an: Zunächst müssen Werbungen gesichtet, Angebote recherchiert, Preise verglichen und Produktanalysen durchgeführt werden (Inhaltsfeld Wettbewerb). Die Produkt- bzw. Kosten-Nutzenanalysen sind im Sinne des Leitbildes Nachhaltige Entwicklung an ökologischen und sozio-kulturellen Kriterien zu orientieren: Qualitätskriterien wie Langlebigkeit, Energie-„Kosten" und Stoffströme bei Produktion und Vertrieb oder Fair-Trade bilden hier die Bezugspunkte.

Längerfristige Nutzung:

- Investitionen für die Schulgemeinschaft bieten den Kindern langfristige Nutzungsmöglichkeiten (z.B. Schulgartenarbeit), in die sich weitere Aktivitäten im Bereich nachhaltigkeitsorientierter ökonomischer Bildung integrieren lassen. Dazu gehören vor allem Schülerläden.

2.4.2 Methodische Möglichkeiten

Eine altersangemessene Unterrichtsmethodik ist für Kinder der Grundschule Voraussetzung für die erfolgreiche Aneignung jeglicher Bildung. Nachhaltigkeitsorientierte ökonomische Bildung lässt sich in der Grundschule nicht in allein kognitiv ausgerichteten, fachpropädeutischen oder fachsystematischen Unterrichtseinheiten vermitteln. Besondere Lernchancen eröffnen sich für Kinder durch das Handeln in lokalen Kontexten: Durch Aktivitäten in überschaubaren Handlungsräumen können altersgemäß Bezüge zum eigenen Handeln hergestellt werden, indem Handlungsketten durchschaubar gemacht und das individuelle Handeln in weitere Kontexte eingebunden werden. Auch globale Zusammenhänge können für Kinder dann transparent werden, wenn sie auf das individuelle Handeln bezogen bleiben und an für Kinder bedeutsamen Problemsituationen exemplarisch veranschaulicht werden. In offenen, selbstgesteuerten Lernprozessen, z.b. in handlungs- oder projektorientierten Unterrichtsarrangements, können Kinder zur Mitgestaltung und Übernahme von Verantwortung angeregt werden (vgl. Hauenschild 2008b).

BNE ist bestimmten Prinzipien verpflichtet und erfordert innovative methodische Unterrichtsdesigns (vgl. Hauenschild 2006, S. 89 ff.). Als innovativ gelten Lernformen, die sich an realen und subjektiv bedeutsamen Lebenssituationen von Lernenden orientieren und neben verschiedenen Formen im Rahmen offener Unterrichtskonzeptionen (z.B. Freiarbeit, Projekt, Werkstattunterricht, Stationenlernen) das selbstorganisierte Lernen und die Entwicklung von Eigeninitiative und Eigenverantwortung ermöglichen.

Bereits im Orientierungsrahmen weist die BLK (vgl. 1998, S. 33 ff.) auf die Bedeutung vielfältiger Methoden hin, die weit über die Vermittlung fachlichen Wissens in herkömmlichen Formen schulischen Unterrichts hinausweisen. Dazu gehören:

- Projektarbeit, Umwelterkundungen, Produktlinienanalyse, Öko-Audits, Umweltpraktika,
- Formen der Freiarbeit und des offenen Unterrichts,
- Methoden spielerischen Lernens, Rollen- und Planspiele, szenisches Spiel,
- Computersimulation, Arbeit mit Datenbanken und elektronischen Informationssystemen,
- kreative Lernmethoden,
- Methoden der Gesprächsführung und Gruppenmoderation, Mediationsverfahren,
- Methoden der Partner- und Teamarbeit,
- Planungs- und Evaluationsmethoden,
- Zukunftswerkstätten, Zukunftskonferenzen oder Runde Tische.

Einen zentralen Schwerpunkt bilden hierbei praktische Vorhaben in konkreten Lebenssituationen, durch die Lernprozesse mit lokalen, regionalen oder internationalen Kampagnen, Programmen und Projekten verbunden werden. Im BLK-Programm „21" haben sich offene projekt-, situations- und handlungsorientierte Unterrichtsformen sowie fächerübergreifender Unterricht für die Förderung von Gestaltungskompetenz und Partizipation als geeignet erwiesen (vgl. Rode 2005). Insbesondere im Bereich nachhaltigkeitsorientierter ökonomischer Bildung ist es dringend erforderlich, kind- und sachgemäße Unterrichtsvorschläge zu entwickeln. Im praktischen Teil der Handreichung werden zahlreiche Unterrichtsmöglichkeiten dargestellt und Arbeitsmaterialien aus der Praxis des Projektes *Nachhaltiges Wirtschaften erfahren an Grundschulen* angeboten.

Mit Schülerläden Kompetenzen stärken

Schülerfirmen bzw. *Schülerläden*[3] bieten für nachhaltigkeitsorientierte ökonomische Bildung in der Grundschule Möglichkeiten, grundlegende Kompetenzen anzubahnen, indem Kinder eigenständig einen ‚Betrieb' in der Schule bewirtschaften (vgl. Dasecke, Kap. 3 in diesem Band): Die Kinder „handeln" mit meist selbst hergestellten Produkten und Dienstleistungen am realen Markt, machen Umsatz und Gewinn und agieren quasi als ‚Betriebswirte': Sie entwickeln eine Produktidee, legen eine Werbestrategie fest und ermitteln den Finanzbedarf. Sie geben dem Unternehmen eine Organisationsstruktur und verteilen Aufgaben wie Vertrieb, Materialbeschaffung, Buchführung usw. Insgesamt können Kinder hier volks- und betriebswirtschaftliche Prozesse handlungs- und lebensweltorientiert erfahren.

Diese Arbeits- und Lernform ist mit den Konkretisierungen zu Kompetenzen und Bildungsstandards der Deutschen Gesellschaft für ökonomische Bildung (Degöb) kompatibel, die u.a. für die Grundschule vorsehen, die arbeitsteilige Herstellung eines einfachen Produktes planen und durchführen oder den Verkauf von Gütern planen, durchführen und beurteilen zu können (vgl. 2006, S. 4). Dabei bietet das Leitbild Nachhaltige Entwicklung den konzeptionellen Bezugspunkt für eine angemessene Einbindung der ökonomisch ausgerichteten Aufgaben in einen gesellschaftspolitischen Referenzrahmen.[4]

Die Ziele von nachhaltigen Schülerläden liegen auf verschiedenen Ebenen (vgl. Dasecke & von Monschaw 2008): Auf der fachlichen Ebene sollen Kenntnisse und praktische Erfahrungen zu grundlegenden nachhaltig wirtschaftlichen Abläufen praxis- und handlungsorientiert vermittelt werden. Darüber hinaus leisten Schülerfirmen einen Beitrag zum sozialen Lernen, indem überfachliche Kompetenzen wie z.B. Kooperations-, Kommunikations- und Konfliktfähigkeit erworben werden. Das eigenverantwortliche und selbstständige Arbeiten fördert methodische Kompetenzen und trägt zur Entwicklung und Stärkung der Persön-

---

[3] Vgl. zur Begriffsverwendung Bolscho, Kap. 1 in diesem Band.
[4] Wir plädieren hier wie Gläser in ihrer Zusammenfassung der Kritik an den Standards der Degöb (vgl. 2007, S. 162) für eine kontextuelle Einbettung ökonomischer Themen, wie es die Konzeption des Sachunterrichts, insbesondere das Prinzip der Vernetzung (von Perspektiven) als zentrales didaktischen Kriterium ausweist.

lichkeit bei. Zuverlässigkeit, Entscheidungsfreude, Zeitmanagement usw. werden im regelmäßigen Tun gefördert. Schließlich tragen nachhaltige Schülerläden zur Öffnung von Schule bei, da mit außerschulischen Partnern kooperiert wird. Damit gehen nachhaltige Schülerläden über den Anspruch des fachorientierten Wirtschaftslernens hinaus, da die Retinität von Ökonomie, Ökologie und Gesellschaft wesentliches Merkmal ist.

In dem von der Deutschen Bundesstiftung Umwelt (DBU) geförderten Pilotprojekt *Nachhaltiges Wirtschaften erfahren an Grundschulen* erschließen sich die Kinder lebensweltbezogen wirtschaftliche Zusammenhänge im Dreieck Nachhaltiger Entwicklung und können praxisorientiert Gestaltungskompetenzen erproben und erweitern: Sie stellen aus Schulgärten und Streuobstwiesen Marmeladen und Säfte her, produzieren und vertreiben gesunde Nahrungsmittel, stellen Gebrauchs- oder Dekorationsgegenstände aus Natur- oder Recyclingmaterialien her, organisieren Secondhand-Läden oder Tausch-Börsen etc. (vgl. von Monschaw, Kap. 5 in diesem Band). Über das handelnde Lernen hinaus ist ein begleitender Unterricht erforderlich, der mit der Erarbeitung grundlegender Themen nachhaltigkeitsorientierter ökonomischer Bildung Kindern den Zusammenhang zwischen Denken und Tun zu erschließen hilft.

Schule und Leben handlungsorientiert verbinden

Die Lebenswirklichkeit ist der zentrale Bezugspunkt für die didaktische Orientierung von BNE mit Kindern im Sachunterricht, und das erfordert den Einbezug der außerschulischen Wirklichkeit in den Kontext schulischen Lernens. Mit der Perspektive auf die Lebenswirklichkeit handelnder Subjekte ermöglichen *offene* Methoden eigenverantwortliche, kooperative und partizipative Lernwege.

Offener Unterricht ist ein „Sammelbegriff für unterschiedliche Reformansätze (…) mit dem Ziel des veränderten Umgangs mit dem Kind auf der Grundlage eines veränderten Lernbegriffs." (Wallrabenstein 1991, S. 54). Mit Formen offenen Unterrichts ist in erster Linie der Anspruch verbunden, Schülerinnen und Schülern Mitbestimmungsmöglichkeiten bei der Inszenierung von Unterricht einzuräumen. Wird Unterricht als komplexer und dynamischer Inszenierungsraum verstanden, in dem Lehrende und Lernende als Akteure mit ihren individuellen, auch an lebensweltliche Kontexte gebundenen Handlungsweisen Sinn und Bedeutung von Unterricht auf verschiedenen Ebenen prozesshaft konstruieren und zur Darstellung bringen, dann bestehen für die Einbeziehung von Schülerinteressen in das unterrichtliche Geschehen viele Möglichkeiten. Die Beteiligung von Schülerinnen und Schülern an der Auswahl von Zielen, Inhalten, Methoden und Organisationsformen setzt Potentiale für selbstbestimmtes Lernen an individuellen Fragestellungen frei, das im Sachunterricht die „Erschließung der Welt" (Köhnlein 2007b, S. 90) an für die Gesellschaft und für das Kind bedeutsamen Problemsituationen ermöglicht.

Situationsorientierung und das Lernen an *außerschulischen Lernorten* sind neben *Handlungsorientierung* in diesem Zusammenhang Prinzipien, auf deren Grundlage kindgemäße Lernarrangements zu planen sind:

Situationsorientierung zielt darauf ab, Situationen, die für die Lebenswelt von Lernenden von Bedeutung sind, zum Ausgangspunkt pädagogischer Vorhaben zu machen und in den Mittelpunkt von Bildungsprozessen zu stellen. Dieses Prinzip verbindet Leben und Lernen und findet z.B. in Redewendungen wie ‚Nicht für die Schule, sondern für das Leben lernen' seinen Ausdruck. Damit spricht es die mit zunehmender Institutionalisierung von Bildung stets beklagte Lebensferne des Unterrichts an. Die Auswahl geeigneter Situationen erfolgt kriteriengeleitet (vgl. Hauenschild 2006, S. 64 f.; Bolscho & Seybold 1996, S. 139): (a) *Es sollen Situation ausgewählt werden, in denen Lernende in der Gegenwart oder näheren Zukunft zu handeln haben.* Aus diesem Kriterium ergibt sich ein zentrales didaktisches Postulat: Da Lehrende aus ihrer Wahrnehmung nur bedingt die unmittelbaren und zukünftigen Handlungsfelder von Lernenden bestimmen können, muss Lernen seinen Ausgang von den Interessen und Bedürfnissen der Lernenden nehmen. In der Didaktik steht dafür der Begriff schülerorientiert, der auf der methodischen Ebene wiederum vor allem auf offene Unterrichtskonzepte baut, die es Lernenden erlauben, individuelle Lerninteressen einbringen, selbstbestimmte Erfahrungen machen und Lernumwege gehen zu können. Streng geplante, von operationalisierten Lernzielen bestimmte pädagogische Vorhaben stehen dem ersten Kriterium von Situationsorientierung also entgegen. Vielmehr sollen Themen eine „längerfristige Bedeutung" (vgl. BLK „21" 2003, S. 15) haben. (b) Es sollen *keine ideal-typischen Situationen konstruiert werden,* von denen Lehrende meinen, sie seien für alle Lernenden gleichermaßen von Bedeutung. Vielmehr sollen *reale Situationen* aufgegriffen werden, wie sie in den vielfältigen Facetten der Lebenswelt von Lernenden tatsächlich vorkommen und im Sinne konstruktivistischer Lerntheorien individualisiertes Lernen ermöglichen. Diese realen Situationen sollen (c) *beeinflussbar* sein und *beispielhaft, exemplarisch für andere Situationen* stehen[5]. Lernende sollen erfahren, dass sie in der Lage sind, durch konkretes Handeln Einfluss auf Umweltentwicklungen zu nehmen. Die Begründung liegt darin, dass auf diese Weise Handlungskompetenzen grundgelegt werden, die einen unmittelbaren Anwendungsbezug haben und auf andere Situationen übertragen werden können. Situationsorientierung verlangt zudem, den institutionellen Rahmen, in dem offenes Lernen immer wieder an Grenzen stößt, *außerschulische Lernorte* aufzusuchen.

---

[5] Im Sinne situationsorientierter Bildung für Nachhaltige Entwicklung zu fordern, Lernende sollten ‚Situationen beeinflussen' können, führt mitunter zu dem Einwand, Bildung für Nachhaltige Entwicklung maße sich politische Zielsetzungen an, indem Lernenden abverlangt werde, Umweltprobleme zu lösen, die zum einen von ihnen (zumindest von Jüngeren) in aller Regel nicht verursacht worden sind und zum anderen auf der politischen Ebene nicht gelöst werden konnten. Dies wäre ein Missverständnis, denn situationsorientierte Bildung versteht sich als Möglichkeit zu erkennen, dass Umweltbedingungen zu weiten Teilen von Menschen geschaffen und somit auch durch sie veränderbar sind. Insofern ist situationsorientierte Bildung *propädeutisch* für *politische Handlungskompetenz.*

Außerschulisches Lernen ist die angemessene unterrichtliche Inszenierung, um offenes Lernen im institutionellen Sinne zu vollziehen. Zur Orientierung an der Lebenswirklichkeit sind Kinder auf den Kontakt zur außerschulischen Realität angewiesen, um eigenständige Aneignungsprozesse zur Entfaltung zu bringen. Neben der inhaltlichen und methodischen Dimension offenen Unterrichts zielt insbesondere die institutionelle Öffnung von Schule und Unterricht – und damit wären die drei zentralen Dimensionen der Offenheit nach Ramseger (1977) genannt – darauf ab, den klar strukturierten Rahmen des Systems Schule (vgl. Hanke 2005) zu überschreiten.

„Generelles Anliegen des Lernens außerhalb der Schule ist es, den Schülern vor Ort Erfahrungen zu vermitteln, die in der Schule selbst nicht möglich sind." (Feige 2006, S. 377). Lern- und sozialisationstheoretische Argumente sprechen dafür, Inszenierungen *in der Realität* zu nutzen, um Schülerinnen und Schüler die gesellschaftliche (Praxis-) Relevanz ihrer Aktivitäten anschaulich zu machen und sinnbestimmtes Lernen zu ermöglichen – oder, wie Bolscho (vgl. Bolscho-Kap. 1 in diesem Band) betont, den ‚Ernstcharakter des Tuns' zu unterstreichen. Dieser Anspruch geht weit über das Anliegen hinaus, das Erleben einer veränderten, entsinnlichten Kindheit (vgl. Jürgens 1993, S. 4) zu kompensieren. Die Lernerfahrungen auf Sach-, Methoden- und und überfachlicher (hier insbesondere auf sozialer) Ebene, und damit meinen wir die Gesamtheit der *Lernerträge* im deklarativen, prozeduralen und metakognitiven Bereich, die an außerschulischen Lernorten potentiell zu erzielen sind, stellen in ihrem Rückbezug auf das schulische Lernen ein bildungswirksames Potential für das lebensweltbezogene Lernen im Sachunterricht dar. „Authentisches, identitätsbildendes und nachhaltiges Lernen ereignet sich im Spannungsfeld von Polen, die zueinander in einer produktiven Spannung stehen, sich gegenseitig bedingen, aber auch relativieren und korrigieren." (Salzmann 2007, S. 437).

Darüber hinaus finden an außerschulischen Lernorten reale Begegnungen statt, die nicht nur das schulische Lernen in der Wirklichkeit zu verorten helfen oder es beleben und bereichern, sondern erstens über die konkrete Anschauung Lernprozesse unterstützen und zweitens Kontinuität bei Bezügen zu realen Objekten sowie bei Beziehungen zu realen Partnern erfahrbar machen können. Insbesondere in nachhaltigen Schülerläden sind Kinder herausgefordert, mit außerschulischen Partnern zusammenzuarbeiten, so dass ihr Handeln in reale Bezüge eingebettet ist und authentische Re-Aktionen dem Lernprozess tragende Impulse für die Weiterarbeit geben. Dazu ist es notwendig, die Integration außerschulischer Lernorte in die unterrichtlichen Prozesse frühzeitig und gezielt zu planen: Nicht nur Stellung und Funktion des außerschulischen Lernortes im Lernprozess, auch das methodische Vorgehen (Vorbereitungsphase, Realisierungsphase, Auswertungsphase; vgl. Jürgens 1993, S. 6) erfordern begründete Entscheidungen bei der Planung. Wichtig ist hierbei, dass sich die Schülerinnen und Schüler in alle Phasen aktiv einbringen können: Sie sollen Mitgestaltungsmöglichkeiten wahrnehmen und nutzen, Durchführungsaktivitäten (mit) planen und gestalten sowie mit der „Distanz der analysierenden Reflexion" (ebd., S. 5) ihre außerschulischen Erfahrungen in den Unterricht zurückführen. Damit wird Zirkularität gewährleistet und die Schülerinnen und Schüler erleben unmittelbare Gestaltungsmöglichkeiten. Voraussetzungen hierfür sind pädagogischen Grundintentionen, die dem Prinzip der Handlungsorientierung verpflichtet sind.

Handlungsorientierung richtet sich – spätestens seit der Tradition reformpädagogischer Bestrebungen zu Beginn des 20. Jh. – gegen die sog. ‚Buch-, Sitz- und Paukschule', in der zu weiten Teilen *über* Sachen geredet wird, in der Fertigkeiten ohne Bezug zu ihrer praktischen Verwendung vermittelt werden, in der Wissen produziert und reproduziert wird, in der Lernende in eine passive, rezeptive Lernhaltung einnehmen und in der Phänomene der Realität nach Fächern parzelliert sind. Handlungsorientierung ist – gegenüber dieser handlungsarmen Unterrichtsform – „ein ganzheitlicher und schüleraktiver Unterricht, in dem die zwischen dem Lehrer und den Schülern vereinbarten Handlungsprodukte die Organisation des Unterrichtsprozesses leiten, so dass Kopf- und Handarbeit der Schüler in ein ausgewogenes Verhältnis zueinander gebracht werden können." (Meyer 1994, S. 214). Handlungsorientierung ist ein grundlegendes Prinzip offenen Unterrichts und folgt der lerntheoretischen Grundannahme, dass Tun und Denken in einem engen Zusammenhang stehen – wie Handlungstheorien aus unterschiedlichen Kontexten sowie lern- und motivationspsychologische Erkenntnisse zeigen (vgl. hierzu ausführlich Gudjons 1997, S. 40 ff.). Bewusste Ziele, Abwägungen und Überlegungen über Wege zu den Zielen unterscheiden eine Handlung von der bloßen Aktivität, vom Reproduzieren, Nachahmen und Ausführen vorgeschriebener Schritte zur Lösung einer Aufgabe. Handlungsorientierung korrespondiert daher mit Prinzipien wie Interdisziplinarität und Situationsorientierung und findet in unterschiedlichen didaktischen Ansätzen (z.B. im entdeckenden Lernen, im offenen Unterricht etc.) sowie in spezielleren Lernformen (z.B. Projektunterricht, Freie Arbeit etc.) ihre Umsetzung.

Nach Jank & Meyer (vgl. 1994, S. 355 ff.) ist Handlungsorientierung (a) *ganzheitlich*: Lernende werden mit ‚allen Sinnen', mit Kopf, Herz und Hand, also in *einem ausgewogenen Verhältnis von ‚Kopf- und Handarbeit'* angesprochen (personaler Aspekt), und Inhalte werden nicht durch eine Fachsystematik bestimmt, sondern aufgrund der Probleme und Fragestellungen der Lernenden ausgewählt (*inhaltlicher Aspekt*). (b) *Handlungsorientierung ist schüleraktiv*, das bedeutet die „*Dialektik von Führen und Selbsttätigkeit*" (S. 356), in der die Initiierung und Beratung der Lehrenden mit der Selbstständigkeit der Lernenden in Einklang zu bringen ist. (c) *Handlungsprodukte* sind Ziel der Aktivität und machen die veröffentlichungsfähigen materiellen und geistigen Ergebnisse des pädagogischen Vorhabens aus. Allein das rein praktische Tun (Handarbeit) kann nicht als Merkmal von Handlungsorientierung gelten – erst der Zusammenhang zwischen Tun und Denken, der kognitiven Verarbeitung und der Durchdringung von Lerngegenständen bringen Erkenntnisse und Einsichten hervor. (d) *Subjektiven Interessen der Lernenden sind Ausgangspunkt des Lernens*, damit im Sinne der Situationsorientierung lebensweltliche Themen aufgegriffen und weiterentwickelt werden. (e) *Handlungsorientierung bezieht die Lernenden in Planung,*

Durchführung und Auswertung von pädagogischen Vorhaben ein und fördert somit einen ‚offenen Diskurs' zwischen Lehrenden und Lernenden. (f) *Handlungsorientierung führt zur Öffnung von Bildungseinrichtungen.* Diese Öffnung zeigt sich *nach innen* (inhaltliche und methodische Öffnung durch Beteiligung der Schüler, Weiterentwicklung des Schullebens) und nach außen (Besuch von Lernorten außerhalb der Bildungseinrichtung, Aufbau eines Lernorte-Netzes, Einbeziehung von Personen von außen, z.B. Experten, Politiker).

In Bezug auf BNE erfüllt handlungsorientiertes Lernen insgesamt die Ansprüche, die mit Interdisziplinarität und Situationsorientierung in Verbindung stehen (vgl. Hauenschild 2006): Es geht insgesamt um Mitbestimmung beim Aushandeln von Handlungsergebnissen und die aktive Gestaltung von Lernprozessen, die vor allem Reflexionskompetenzen fordert und fördert (metakognitiv). Dabei erwerben Lehrende und Lernende Kompetenzen zur selbstständigen, themengerechten Informationssuche und -verarbeitung (deklarative und prozedurale Kompetenzen). Hinzu kommt die soziale Kompetenz zur Teamfähigkeit und ergebnisorientierten Kooperation.

2.5 Zusammenfassung: Ökonomische Bildung im Lichte von BNE

Im Folgenden versuchen wir zusammenfassend zu begründen, warum Ökonomische Bildung die angemessene und notwendige Perspektive ist, der ökonomischen Dimension von Bildung für Nachhaltige Entwicklung gerecht zu werden. Damit betonen wir, dass – in Unterscheidung zum *Wirtschaftslernen* oder *ökonomischem Lernen* – die ökonomische Dimension Nachhaltiger Entwicklung mit übergeordneten bildungstheoretischen Grundlagen, wie sie für BNE von Bedeutung sind, in Verbindung gebracht werden muss, etwa den Klafki'schen Schlüsselqualifikationen oder dem Leitziel von BNE, der Gestaltungskompetenz.

Dieses weite Verständnis von ökonomischer Bildung knüpft an reformpädagogische Traditionen an, wie sie vor allem in der Bewegung der *Arbeitsschule* angelegt waren und hier insbesondere bei ihrem geistigen Vater Georg Kerschensteiner (1854-1932), der u.a. als Begründer der heutigen Berufsschule seinen Platz in der Geschichte der Pädagogik hat, der aber darüber hinaus ökonomische Bildung und Allgemeinbildung aufeinander bezogen hat. Kerschensteiner habe, wie Reble feststellt, „in glücklicher Weise (...) das alte Prinzip der Menschenbildung mit dem wichtigen Gedanken einer Erziehung durch Handarbeit" verbunden und „geistiges Tun und manuelles Tun werden durch ihn wieder gemeinsam unter den Bildungsgedanken gestellt" (Reble 1965, S. 276). Blättner schließt sich dieser Interpretation an und betont: Bei Kerschensteiner werde deutlich, „wie sich berufliche und staatsbürgerliche Erziehung durchdringen und bedingen. Die Berufsbildung ist aber nicht nur Aufgabe der Berufsschulen, sondern (nach dem ‚Begriff der Arbeitsschule') aller Schulen, indem sie auf den Beruf allgemein vorbereitet" (Blättner 1961, S. 255).[6] Kurz gesagt: Die reformpädagogisch grundgelegte „Bildung durch Arbeit" (Wilhelm 1966) hat mit heutiger ökonomischer Bildung die bildungstheoretische Fundierung gemein. Dieses Verständnis führt unmittelbar in aktuelle Konzeptualisierungen von ökonomischer Bildung hinein, wie sie z.B. Tenfelde (2004, S. 385 f.) dargelegt hat. Tenfelde umschreibt zwei Ansätze ökonomischer Bildung:

(1) „Grundlegende ökonomische Grundbildung"

Sie sei gegeben, „(...) wenn sie in möglichst allen, dem Lernenden zugänglichen ökonomischen Handlungsbereichen erzeugt wird und darüber hinaus im operationalen Zusammenhang des Erwerbs von ökonomischen Wissen mit dem Gestalten ökonomischer Situationen befördert wird" (Tenfelde 2004, S. 385). Diese Grundbildung können beispielsweise das Konsumverhalten „gestalten helfen".

(2) „Situative Ausprägungen" ökonomischer Bildung.

Diesem Ansatz ordnet der Autor drei Ausprägungen zu: (a) die berufliche ökonomische Bildung, die als „strukturiertes Fachwissen über grundlegende Zusammenhänge in einzelnen betriebswirtschaftlichen Entscheidungsbereichen" verstanden wird, (b) ökonomische Bildung „für private Lebenssituationen", wozu etwa effektives Hauswirtschaften gehören würde und (c) ökonomische Bildung „für soziales Handeln in öffentlichen Bereichen" (ebd.). Hier käme es auf das Erkennen von Zusammenhängen „individueller und kollektiver Interessen anderer Personen, Gruppen und Organisationen" an (ebd.).

Diese zwei Ansätze geben einen adäquaten Referenzrahmen für ökonomische Bildung im Rahmen von Bildung für eine Nachhaltige Entwicklung ab. Dabei impliziert die „grundlegende ökonomische Grundbildung" durch das Merkmal „allen, dem Lernenden zugänglichen Handlungsbereichen", dass eine solche Grundbildung für alle Altersstufen, die Akteure und Zielgruppe ökonomischer Prozesse sind, notwendig ist. Dies trifft auch auf Kinder zu, wie nationale und internationale Forschungen zum Verständnis von Kinder von Ökonomie zeigen (vgl. Gunter & Furnham 1998; Webley 2005 für angloamerikanische Forschungen, Moll 2001 und Gläser 2002 für neuere Studien in Deutschland).

Alle drei Bereiche der „situativen Ausprägungen" ökonomischer Bildung haben ihre Bedeutung in den jeweiligen schulischen Kontexten. Die „berufliche ökonomische Bildung" ist durch ihren Bezug auf jeweilige Ausbildungsberufe

---

[6] Natürlich darf man die zeitlichen Bedingtheiten und vor allem auch die gesellschaftlichen Bedenklichkeiten der Kerschensteiner'schen Arbeitsschule nicht ausklammern: Seine Arbeitsschul-Theorie, mit dem Ziel der Integration von „Menschenbildung" und „Handarbeit", hat in der schulpolitischen Entwicklung, außer in der Berufsschule, lediglich in der *Volksschule* erkennbaren Niederschlag gefunden, flankiert von psychologischen Theorien zu Begabungstypen und pädagogischen Theorien zur *volkstümlichen Bildung*, wie sie z.B. von Eduard Spranger (1882-1963) vertreten wurden. Im höheren Schulwesen hat demgegenüber „Bildung durch Arbeit" keine Bedeutung eingenommen.

die speziellste Ausprägung. Wie neuere Bestandsaufnahmen jedoch zeigen, hat die berufliche ökonomische Bildung eine durchaus erkennbare Position im Rahmen von BNE eingenommen (vgl. BMBF 2002). Während ökonomische Bildung „für private Lebenssituationen" weitgehend in der ökonomischen Grundbildung angesiedelt werden kann, kann man der ökonomischen Bildung „für soziales Handeln in öffentlichen Bereichen" im Zusammenhang mit BNE eine herausragende Bedeutung zuschreiben: Es ginge hier, wie Scherhorn (2005, S. 30) skizziert hat, um einen „integrierten Ansatz" zum nachhaltigen Wirtschaften. In diesem Ansatz agieren Konsumenten *und* Produzenten in einem öffentlichen Diskurs, z.b. indem Verbraucher ‚ihre Macht' über ihr Verhalten artikulieren und praktizieren und Produzenten auf diese Macht im eigenen ökonomischen Interesse reagieren. Für diesen Diskurs grundlegende Kompetenzen anzubahnen, ist Aufgabe ökonomischer Bildung.

Kann ökonomische Bildung, ausgerichtet auf Bildung für Nachhaltige Entwicklung, Konzepte und praxisbezogene Modelle anbieten? Mit der Entwicklung und Erprobung „Nachhaltiger Schülerfirmen" im BLK-Programm „21" liegen viel versprechende Erfahrungen und Erkenntnisse vor, die sowohl den skizzierten Ansätzen zur ökonomischen Bildung weitgehend gerecht werden als auch die Einbindung und Vernetzung in die drei Dimensionen von Nachhaltiger Entwicklung als Ziel haben und die darüber hinaus auf Schülerläden in der Grundschule übertragbar sind. Wie dies für die besonderen Bedingungen schulischen Lernens von Kindern in der Grundschule gelingen kann, zeigen die Beiträge im praktischen Teil II des Bandes.

2.6 Literatur

Albers, Hans-Jürgen (1995): Handlungsorientierung und ökonomische Bildung. In: ders. (Hrsg.): Handlungsorientierung und ökonomische Bildung. Bergisch Gladbach, S. 1-22.
Beck, Klaus; Wuttke, Eveline (2005): Ökonomiebezogenes Denken und Handeln – Zum Problem des Wissens über die Grundlagen der Wirtschaft und seiner Anwendung. In: Frey, D.; Rosenstiel, L. von; Hoyos, C. Graf (Hrsg.): Wirtschaftspsychologie. Weinheim, S. 279-283.
Blättner, Fritz (1961): Geschichte der Pädagogik. Heidelberg.
BLK – Bund-Länder-Kommission für Bildungsplanung und Forschungsförderung (1998): Bildung für eine nachhaltige Entwicklung – Orientierungsrahmen. Materialien zur Bildungsplanung und Forschungsförderung, Heft 69. Bonn.
BLK (1999): Bildung für eine nachhaltige Entwicklung – Gutachten zum Programm von Gerhard de Haan und Dorothee Harenberg, Freie Universität Berlin. Materialien zur Bildungsplanung und Forschungsförderung, Heft 72. Bonn.
BLK „21" (2003): Präambel und Empfehlungen/Richtlinien zur „Bildung für eine nachhaltige Entwicklung" in allgemeinbildenden Schulen. Berlin.
BMBF – Bundesministerium für Bildung und Forschung (2002): Bericht der Bundesregierung zur Bildung für eine nachhaltige Entwicklung. Berlin.
BMU – Bundesministerium für Umwelt, Naturschutz und Reaktorsicherheit (Hrsg.) (1997): Umweltpolitik. Agenda 21, Konferenz der Vereinten Nationen für Umwelt und Entwicklung im Juni 1992 in Rio de Janeiro, Dokumente. Bonn.

Bolscho, Dietmar; Seybold, Hansjörg (1996): Umweltbildung und ökologisches Lernen. Berlin.

Bolscho, Dietmar; Hauenschild, Katrin (Hrsg.) (2008): Ökonomische Grundbildung mit Kindern und Jugendlichen. Frankfurt/M.

BUND – Bund für Umwelt und Naturschutz; MISEROR (Hrsg.) (1996): Zukunftsfähiges Deutschland. Ein Beitrag zu einer global nachhaltigen Entwicklung. Basel, Boston, Berlin.

BUND; Brot für die Welt, evangelischer Entwicklungsdienst (Hrsg.) (2008): Zukunftsfähiges Deutschland in einer globalisierten Welt. Ein Anstoß zur gesellschaftlichen Debatte. Frankfurt/M.

Bundesregierung (2001): Perspektiven für Deutschland. Unsere Strategie für eine nachhaltige Entwicklung. Berlin.

Carlowitz, H. C. v. (1713): Sylvicultura oeconomica oder haußwirtschaftliche Nachricht und naturmäßige Anweisung zur wilden Baum=Zucht. Leipzig. (Reprint Freiberg 2000).

Dasecke, Rolf; von Monschaw, Beatrice (2008): Nachhaltige Schülerfirmen – auch in der Grundschule? In: Bolscho, D.; Hauenschild, K. (Hrsg.): Ökonomische Bildung mit Kindern und Jugendlichen. Frankfurt/M., S. 180-189.

Degöb – Deutsche Gesellschaft für ökonomische Bildung: Kompetenzen der ökonomischen Bildung für allgemein bildende Schulen und Bildungsstandards für den Grundschulabschluss. 2006 [http://www.degoeb.de; Abruf: 11.03.2009].

Enquete-Kommission „Schutz des Menschen und der Umwelt" des Deutschen Bundestages (Hrsg.) (1994): Die Industriegesellschaft gestalten – Perspektiven für einen nachhaltigen Umgang mit Stoff- und Materialströmen. Bonn.

Feige, Bernd (2006): Lernorte außerhalb der Schule. In: Arnold, K.-H.; Sandfuchs, U.; Wiechmann, J. (Hrsg.): Handbuch Unterricht. Bad Heilbrunn, S. 375-381.

Feige, Bernd (2007): Der Sachunterricht und seine Konzeptionen. Historische, aktuelle und internationale Entwicklungen. Bad Heilbrunn, 2. Aufl.

Feige, Bernd (2008): Ökonomische Bildung im Sachunterricht der Grundschule. In: Bolscho, D.; Hauenschild, K. (Hrsg.): Ökonomische Bildung mit Kindern und Jugendlichen. Frankfurt/M., S. 107-120.

Feige, Bernd; Hauenschild, Katrin (2007): Bildung und Sachunterricht. Kinder lernen in vernetzten Perspektiven Selbst- und Weltverstehen. In: UNI-Magazin. Hildesheim, S. 32-36.

GDSU – Gesellschaft für Didaktik des Sachunterrichts (2002): Perspektivrahmen Sachunterricht. Bad Heilbrunn.

Gläser, Eva (2002): Arbeitslosigkeit aus der Perspektive von Kindern. Bad Heilbrunn.

Gläser, Eva (2007): Ökonomische Bildung. In: Kahlert, J. u.a. (Hrsg.): Handbuch Didaktik des Sachunterrichts. Bad Heilbrunn, S. 159-163.

Gudjons, Herbert (1997): Handlungsorientiert lehren und lernen. Schüleraktivierung, Selbsttätigkeit, Projektarbeit. Bad Heilbrunn, 5. Aufl.

Gunter, Barrie; Furnham, Adrian (1998): Children as Consumers. London.

Haan, Gerhard de (2002): Die Kernthemen der Bildung für eine nachhaltige Entwicklung. In: Zeitschrift für internationale Bildungsforschung und Entwicklungspädagogik, 25, S. 13-20.

Haan, Gerhard de (2008): Gestaltungskompetenz als Kompetenzkonzept der Bildung für nachhaltige Entwicklung. In: Bormann, I.; Haan, G. de (Hrsg.): Kompetenzen der Bildung für nachhaltige Entwicklung. Operationalisierung, Messung, Rahmenbedingungen, Befunde. Wiesbaden, S. 23-43.

Hanke, Petra (2005): Öffnung des Unterrichts. In: Einsiedler, W. u.a. (Hrsg.): Handbuch Grundschulpädagogik und Grundschuldidaktik. Bad Heilbrunn, S. 439-446.

Hauenschild, Katrin (2006): Didaktik der Umweltbildung. Universität Rostock.

Hauenschild, Katrin (2008a): Bildung für Nachhaltige Entwicklung an Schulen – Stand und Perspektiven. In: Kursiv – Journal für Politische Bildung, Heft 4, S. 38-43.

Hauenschild, Katrin (2008b): Nachhaltige Entwicklung praxisorientiert erfahren – Chancen für ökonomische Bildung in der Grundschule. In: Grundschulunterricht Sachunterricht, 4, S. 10-12.

Hauenschild, Katrin (2008c): Ist Lernen in der Natur Lernen für die Natur? Über Naturbegegnungen von Grundschülern. In: Becker, U.; Bolscho, D.; Lehmann, C. (Hrsg.): Religion und Bildung im kulturellen Kontext. Stuttgart: Kohlhammer, S. 83-92.

Hauenschild, Katrin; Bolscho, Dietmar (2007): Bildung für Nachhaltige Entwicklung in der Schule – Ein Studienbuch. Frankfurt/M., 2007, 2. Aufl.

Hauff, Volker (Hrsg.) (1987): Unsere gemeinsame Zukunft. Der Brundtland-Bericht der Weltkommission für Umwelt und Entwicklung. Greven.

Henkenborg, Peter (2001): Zur Philosophie des Politikunterrichts: Zum Kern politischer Bildung in der Schule. [http://www.sowi-onlinejournal.de/2001-1/henkenborg.htm; 12.03.2009].

Hentig, Hartmut v. (1996): Bildung. München/Wien.

Jank, Werner; Meyer, Hilbert (1994): Didaktische Modelle. Frankfurt/M.

Jürgens, Eiko (1993): Außerschulische Lernorte. Erfahrungs- und handlungsorientiertes Lernen außerhalb der Schule. In: Grundschulmagazin, 7-8, S. 4-6.

Kahlert, Joachim (2002): Der Sachunterricht und seine Didaktik. Bad Heilbrunn.

Klafki, Wolfgang (1992): Allgemeinbildung in der Grundschule und der Bildungsauftrag des Sachunterrichts. In: Lauterbach, R.; Köhnlein, W.; Spreckelsen, K.; Klewitz, E. (Hrsg.): Brennpunkte des Sachunterrichts. Kiel, S. 11-31.

Kids-Verbraucher-Analyse 2008. Egmont Ehapa Verlag [http://www.ehapa-media.de/pdf_download/Praesentation_%20KVA08.pdf; 03.03.2009].

Kiper, Hanna; Paul, Annegret (1995): Kinder in der Konsum- und Arbeitswelt. Bausteine zum wirtschaftlichen Lernen. Weinheim; Basel.

Köhnlein, Walter (1996): Leitende Prinzipien und Curriculum des Sachunterrichts. In: Glumpler, E.; Wittkowske, S. (Hrsg.): Sachunterricht heute. Zwischen interdisziplinärem Anspruch und traditionellem Fachbezug. Bad Heilbrunn, S. 46-76.

Köhnlein, Walter (2007a): Sache als didaktische Kategorie. In: Kahlert, J. u.a. (Hrsg.): Handbuch Didaktik des Sachunterrichts. Bad Heilbrunn, S. 41-46.

Köhnlein, Walter (2007b): Aufgaben und Ziele des Sachunterrichts. In: Kahlert, J. u.a. (Hrsg.): Handbuch Didaktik des Sachunterrichts. Bad Heilbrunn, S. 89-99.

Kölbl, Carlos (2008): Die Entwicklung gesellschaftlichen Denkens. In: Bolscho, D.; Hauenschild, K. (Hrsg.): Ökonomische Bildung mit Kindern und Jugendlichen. Frankfurt/M., S. 36-48.

Lampe, Volker (2008): Ökonomische Bildung in den Rahmenrichtlinien und Kerncurricula des Sachunterrichts der Bundesrepublik Deutschland. In: Bolscho, D.; Hauenschild, K. (Hrsg.): Ökonomische Bildung mit Kindern und Jugendlichen. Frankfurt/M., S. 121-132.

Meyer, Hilbert (1994): Unterrichtsmethoden. I. Theorieband. Berlin, 6. Aufl.

Moll, Andrea (2001): Was Kinder denken. Zum Gesellschaftsverständnis von Schulkindern. Schwalbach.

Niedersächsisches Kultusministerium (Hrsg.) (2006): Kerncurriculum für die Grundschule, Schuljahrgänge 1-4, Sachunterricht.

OECD (2005): Die Definition und Auswahl von Schlüsselkompetenzen. Zusammenfassung. Paris. [http://www.oecd.org/dataoecd/36/56/35693281.pdf; 11.03.2009].

Ramseger, Jörg (1977): Offener Unterricht in der Erprobung. Erfahrungen mit einem didaktischen Modell. München.

Reble, Albert (1965): Geschichte der Pädagogik. Stuttgart.

Reeken, Dietmar v. (2001): Politisches Lernen im Sachunterricht. Baltmannsweiler.

Richter, Dagmar (2002): Sachunterricht – Ziele und Inhalte. Ein Lehr- und Studienbuch zur Didaktik. Baltmannsweiler.

Richter, Dagmar (2007): Politische Aspekte. In: Kahlert, J. u.a. (Hrsg.): Handbuch Didaktik des Sachunterrichts. Bad Heilbrunn, S. 163-168.

Rode, Horst (2005): Motivation, Transfer und Gestaltungskompetenz. Ergebnisse der Abschlussevaluation des BLK-Programms „21" 1999-2004. Paper 05-176 (Sonderdruck) der Forschungsgruppe Umweltbildung. Berlin.

Rost, Jürgen; Lauströer, Andrea; Raack, Ninja (2003): Kompetenzmodelle einer Bildung für Nachhaltigkeit. In: Praxis der Naturwissenschaften – Chemie in der Schule, 52, S. 10-15.

Salzmann, Christian (2007): Lehren und Lernen in außerschulischen Lernorten. In: Kahlert, J. u.a. (Hrsg.): Handbuch Didaktik des Sachunterrichts. Bad Heilbrunn, S. 433-438.

Scherhorn, Gerhard (2005): Eine Frage der Verantwortung. Kommerz und nachhaltige Entwicklung. In: Politische Ökologie, 23, S. 30-33.

Tenfelde, Walter (2004): Ökonomische Bildung. In: May, H.: Lexikon der ökonomischen Bildung. München, Wien, S. 384–386.

UBA – Umweltbundesamt (1998): Nachhaltiges Deutschland. Wege zu einer dauerhaft umweltgerechten Entwicklung. Berlin.

UBA (2002): Nachhaltige Entwicklung in Deutschland. Die Zukunft dauerhaft umweltgerecht gestalten. Berlin.

Wallrabenstein, Wulf (1991): Offene Schule - Offener Unterricht. Ratgeber für Eltern und Lehrer. Reinbek bei Hamburg.

Weber, Birgit (2008): Kompetenzen ökonomische Grundbildung für Kinder und Jugendliche. In: Bolscho, D.; Hauenschild, K. (Hrsg.): Ökonomische Bildung mit Kindern und Jugendlichen. Frankfurt/M., S. 17-35.

Webley, Paul (2005): Children's understanding of econonomics. In: Barrett, Martyn; Buchanan-Barrow, Eithne (eds.): Children's understanding of society. Hove, New York: Psychology Press, S. 43-67.

Wilhelm, Theodor (1966): Die Überlieferung der idealistischen Arbeitspädagogik. In: Wehle, G. (Hrsg.): Kerschensteiner. Darmstadt, S. 256-292.

3. Nachhaltige Schülerfirmen und Schülerläden

Rolf Dasecke

Das Leben in der globalisierten Welt wird immer komplexer und undurchsichtiger. Ereignisse in der ganzen Welt betreffen den Einzelnen zunehmend direkt, Veränderungen geschehen scheinbar immer schneller, werden weniger durchschaubar und ihre Auswirkungen schwerwiegender. Verantwortlichkeiten sind kaum noch zuzuordnen. Zukunft verliert mehr denn je die sichere Perspektive.

Stichworte für diese generelle Entwicklung sind leicht zu finden: Ölpreisschock, Finanzkrise, Rezession, Ressourcenverknappung, Klimawandel, Hungersnot, Armut, Auseinanderdriften der Einkommen in den Gesellschaften und zwischen den Gesellschaften sowie den Ländern und Kontinenten, Bildungskatastrophe, Facharbeiter- und Ingenieursmangel, Terrorismus, Kriege. Die Liste ließe sich noch erheblich erweitern.

Wir haben uns daran gewöhnt, dass einzelne dieser Probleme immer wieder kurzzeitig in der öffentlichen Diskussion auftauchen. Gelöst werden sie selten. Ein Grund ist sicherlich, dass all diese Probleme im Wesentlichen nach wie vor unabhängig voneinander betrachtet werden. Sie liegen ja auch in verschiedenen Bereichen und auf verschiedenen Ebenen. Zusammenhänge und Interdependenzen werden außen vor gelassen, weil sie schwer zu begreifen sind.

In dieser Situation hat nicht nur die einzelne Bürgerin, der einzelne Bürger[7] ein Problem. Auch die gesellschaftlichen Kräfte aus Politik, Wirtschaft und Verwaltung bieten keine umfassenden Lösungsansätze mehr an. Mit der Agenda 21 in Folge der Konferenz für Umwelt und Entwicklung in Rio de Janeiro 1992 (vgl. BMU 1997) haben die Entscheidungsträger dieser Welt eingestanden, dass sie allein nicht mehr in der Lage sind, die Probleme dieser Welt zu lösen. Sie haben alle Bürger dieser Welt aufgefordert, mitzudenken, mit zu konzipieren, mit zu entscheiden und mit zu handeln. Ein grobes Ziel wurde vorgegeben: Nachhaltigkeit. Wir sind aufgefordert, unser heutiges Leben menschenwürdig zu gestalten ohne die Lebensbedingungen zukünftiger Generationen zu gefährden. Ein solches Denken und Handeln praxisorientiert bereits in der Schule zu vermitteln ist eine zentrale Aufgabe der nachhaltigen Schülerfirmen.

3.1 Beitrag nachhaltiger Schülerfirmen zu einer nachhaltigen Zukunftsgestaltung

Auch die Bildungsträger sind im Kapitel 36 der Agenda 21 aufgefordert, ihren Beitrag für ein Konzept der Bildung für Nachhaltige Entwicklung (BNE) zu leisten. Deswegen hat die UNESCO die weltweite Dekade der Bildung für eine Nachhaltige Entwicklung ausgerufen (vgl. www.dekade.org).

---

[7] Aus Gründen der Vereinfachung wird zukünftig nur noch die männliche Form verwandt.

Das Land Niedersachsen hat sich seit 1999 schwerpunktmäßig mit der Entwicklung einer Konzeption zu nachhaltigen Schülerfirmen in den Sekundarstufen I und II befasst. Ziele waren dabei:

- Einführung in das Denken im Dreieck der Nachhaltigkeit mit den Eckpunkten Ökonomie, Ökologie und Soziales und damit in das vernetzte Denken am Beispiel des Alltags in einer nachhaltigen Schülerfirma,
- Stärkung der Gestaltungskompetenzen der Schülerinnen und Schüler im Sinne von BNE,
- Handlungsorientierte Vermittlung ökonomischer Grundkenntnisse,
- Vermittlung von Methoden-, Persönlichkeits- und Sozialkompetenzen,
- Heranführung an den Gedanken der Selbstständigkeit.

Es geht also um die Vermittlung einer wirtschaftlichen Grundbildung im Kontext der Nachhaltigkeit. Damit sollen Schüler befähigt werden, in Gesellschaft und Betrieb im Sinne der Nachhaltigkeit aktiv zu werden. Sie sollen im praktischen Tun erlernen, wirtschaftlich erfolgreich zu sein in ökologischer und sozialer Verantwortung. Es geht also auch um Berufsvorbereitung und Berufsorientierung für die Arbeitswelt von morgen.

Es geht nicht um die klassische Wirtschaftslehre als Unterrichtsfach, was heute immer noch häufig gefordert wird. Die klassische an der kurzfristigen Gewinnmaximierung orientierte Wirtschaft und die dazugehörige Wirtschaftslehre traditionellen Stils ist eine der wesentlichen Ursachen für die komplexen Probleme von heute. Vielmehr geht es darum, die Schüler auf die notwendig veränderten Rahmenbedingungen von betrieblichem Handeln in einer von Nachhaltigkeit gekennzeichneten Zukunft vorzubereiten. Dazu gehört auch die Vorbereitung auf eine veränderte Arbeitswelt, die gekennzeichnet sein wird durch häufigeren Job- und Arbeitsplatzwechsel, lebenslanges Lernen, Selbstständigkeit und abhängige Beschäftigung und Arbeitslosigkeit (vgl. Dasecke & von Monschaw 2008). Die Arbeit in den nachhaltigen Schülerfirmen bereitet aber nicht nur handlungsorientiert auf das spätere Arbeitsleben vor. Sie vermittelt auch Kenntnisse und Fertigkeiten, die Staatsbürger als Konsumenten und Aktive im demokratischen Staat brauchen. Verantwortlicher Umgang mit Geld, Initiative in gesellschaftlichen Prozessen, Teilhabe an Entscheidungsprozessen, Übernahme von Verantwortung und vieles mehr, was in nachhaltigen Schülerfirmen praktisch erfahren wird, ist eine unabdingbare Voraussetzung für den Einzelnen, um sich in Wirtschaft und Gesellschaft gestaltend einbringen zu können. Die Arbeit in nachhaltigen Schülerfirmen ist also auch Demokratieerziehung.

3.1.1 Nachhaltige Schülerfirmen als primär pädagogisches Handlungsfeld

Die bisher aufgezeigten Problem- und Handlungsfelder machen deutlich, dass auch Schule – und zwar in allen Schulformen – ihre Inhalte und Methoden verändern bzw. erweitern muss, um es den Schülerinnen und Schülern zu ermöglichen, den Anforderungen von morgen gewachsen zu sein. Wenn in der Schule gelernt werden soll, im Sinne von Nachhaltigkeit im Einklang mit der Natur zu leben und zu wirtschaften, allen Gruppen in der Gesellschaft heute und in Zukunft gleiche Entwicklungschancen zu eröffnen, Armut in der Welt auszugleichen und allen Völkern dieser Welt gleiche wirtschaftliche Bedingungen zu schaffen – und zudem beim Individuum persönliche und soziale Handlungskompetenz zu entwickeln –, dann muss sich Schule grundsätzlich verändern. Das gilt sowohl für die Inhalte als auch für die Methoden.

Nachhaltige Schülerfirmen können in der Schule der Zukunft ein sinnvolles pädagogisches Lernarrangement darstellen, um notwendige neue Inhalte in allen allgemein bildenden Schulen praxis- und handlungsorientiert zu vermitteln.

3.1.2 Beitrag zu einer nachhaltigen Zukunftsgestaltung

Nachhaltige Schülerfirmen holen ein Stück Wirklichkeit in die Schule. Hier agieren Schüler mit realen Produkten und Dienstleistungen am realen Markt und machen Umsatz und Gewinn. Die Erfahrung zeigt, dass dies einen unglaublichen Motivationsschub in der Schülerschaft bewirkt. Die Schüler fühlen sich ernst genommen, sie können tatsächlich etwas bewegen, sie sind die Aktiven und nicht die Zuhörenden und sie stehen gleichberechtigt neben den Lehrern. Der Chef ist nämlich im Normalfall eine Schülerin oder ein Schüler; Lehrerinnen und Lehrer treten schnell in die Rolle der Moderatoren und Unterstützer zurück. Die Motivation ist so stark, dass in der Regel selbst in der Freizeit und in den Ferien bei Bedarf in den Schülerfirmen freiwillig gearbeitet wird (vgl. Dasecke & von Monschaw 2008).

Die Lehrkraft ist nicht mehr primär diejenige, die einfache, aber dennoch grundlegende Verhaltensregeln wie regelmäßige Anwesenheit und Pünktlichkeit anmahnen muss. Die Schüler merken sehr schnell, dass Aufträge nur pünktlich und zur Zufriedenheit der Kunden erledigt werden können, wenn alle verlässlich mitziehen. Schüler motivieren sich gegenseitig zur verlässlichen Arbeit, Abmahnungen werden vom Schülerchef auf dessen Initiative geschrieben, nicht vom Lehrer.

Die regelmäßige Arbeit in den Schülerfirmen wirft bei den Schülern immer wieder Fragen zu den betriebswirtschaftlichen, ökologischen und sozialen Handlungsbereichen auf, die einer Klärung bedürfen. Die Fragen kommen aber aus der Schülerschaft und werden von ihr mit Assistenz der Lehrkraft geklärt. Das ist wirklichkeitsnah und schafft eine ganz andere Motivationslage. Endlich müssen nicht mehr die Fragen des Lehrers mechanisch abgearbeitet werden, die in der konkreten Lebens- und Unterrichtssituation der Schülerschaft vielfach nur eine untergeordnete Rolle spielen. In eigener Initiative offene Fragen selbstständig zu klären ist eine wichtige Schlüsselqualifikation nicht nur für zukünftige Chefs und Unternehmer. Sie ist genauso bedeutungsvoll für zukünftige Mitarbeiter, die in Projekten immer häufiger eigenständig handeln und entscheiden müssen.

Der Alltag in der Schülerfirma verlangt Zusammenarbeit, miteinander zu reden, aufkommende Konflikte zu schlichten, Entscheidungen zu treffen und vieles mehr. Das Einüben von Kompetenzen ergibt sich aus diesem konkreten Handeln heraus.

Wer in einer Schülerfirma immer wieder unternehmerische Entscheidungen getroffen hat und den Alltag in einer Firma erlebt hat – und das erfolgreich – der verliert die Angst vor Selbstständigkeit. So kann die Grundlage für Unternehmergeist geschaffen werden; in der Folge kann sich die Selbstständigkeit zu einer Berufsperspektive entwickeln.

Zu empfehlen ist allen nachhaltigen Schülerfirmen, reale Partnerunternehmen möglichst aus der gleichen Branche vor Ort zu gewinnen. Das eröffnet Wege in die Öffnung von Schule, holt noch mehr Wirklichkeit und Erste-Hand-Informationen in den Unterricht und trägt so zusätzlich zur Motivation bei.

Nachhaltige Schülerfirmen sollten an den Schulen dauerhaft betrieben werden. Um eine Kontinuität zu schaffen, hat es sich als günstig erwiesen, wenn mindestens zwei Schülerjahrgänge in die Schülerfirma einbezogen sind. Außerdem erhöht das den Realitätsbezug. Gemachte Erfahrungen können nach dem Meister-Lehrlings-Prinzip von Schülerjahrgang zu Schülerjahrgang weitergegeben und so Kontinuität gesichert werden. Es müssen neue Mitarbeiter auf Grund von Stellenbeschreibungen durch Ausschreibungen gewonnen und eingearbeitet sowie betriebsinterne „Karrieremöglichkeiten" eröffnet werden.

3.1.3 Betriebswirtschaftliche Handlungsfelder

Gründung einer nachhaltigen Schülerfirma

Natürlich muss die Schülerfirma zunächst gegründet werden. Eine Produkt- bzw. Dienstleistungsidee ist zu entwickeln, aus der der nachhaltige, zukunftsfähige Gedanke deutlich wird. Geplante Produkte und Dienstleistungen müssen es ermöglichen, erfolgreich – das heißt mit schwarzen Zahlen – zu wirtschaften und dabei ökologische und soziale Verantwortung zu zeigen. Ressourcenverbrauch und Emissionsvermeidung müssen beachtet werden, aber auch soziale Aspekte wie die Vermittlung von Kompetenzen, Arbeitsschutz und Gleichberechtigung zwischen den Geschlechtern und den verschiedenen Nationalitäten in der Firma.

Hat man sich auf eine Idee geeinigt, gilt es, ein Marketingkonzept zu entwickeln. Auf welchem Markt sollen die Produkte oder Dienstleistungen angeboten werden – in der Schule oder außerhalb? Wie sehen die potentiellen Kunden aus? Haben diese überhaupt ein Interesse an den geplanten Produkten/Dienstleistungen und könnten sie sich vorstellen, den geplanten Preis bei der anvisierten Qualität zu zahlen? Es muss mit geeigneten Methoden wie Befragungen oder Beobachtungen Marktforschung betrieben werden. Ist am Ende der Erhebungen die Prognose günstig, muss auf Grundlage der gewonnenen Erkenntnisse eine Werbestrategie entwickelt werden. Die notwendigen Werbeträger wie Plakate oder Flyer sind zu gestalten. Gerade für Schülerfirmen hat es sich als sinnvoll erwiesen, zu Beginn eine Public-Relation-Kampagne zu planen und durchzuführen. Schüler, Lehrer, Eltern, die Schulleitung und der Schulträger sind für die Schülerfirma zu begeistern, aber es macht auch Sinn, die lokale Wirtschaft, Politik und Presse für die Idee zu gewinnen. So öffnen sich Türen für ideelle, personelle und finanzielle Unterstützung.

Parallel sind mit der Schulleitung die pädagogischen und organisatorischen Rahmenbedingungen in der Schule zu klären. Welche Räumlichkeiten und welche Sachmittel können genutzt werden? Welche Unterrichtsfächer, Lehrkräfte und Schülerjahrgänge werden einbezogen? Wie wird die Langfristigkeit der Schülerfirma abgesichert? Sind all diese Fragen geklärt, ist es zwingend notwendig, dass die Schülerfirma als Schulprojekt anerkannt wird und möglichst viel Zustimmung in der Schule findet. Alle Vereinbarungen zwischen der Schulleitung und der Schülerfirma sollten vertraglich festgehalten werden. Dabei muss deutlich werden, dass die Schülerfirma ein pädagogisches Projekt ist und keine reale Firma. Die rechtlichen Vorgaben für Schülerfirmen sind zu beachten und sollten Bestandteil der Schulvereinbarung sein (Stadt Hannover 2008).

Die gesamten Planungen der Mitarbeiter in der Schülerfirma sollten in einem Geschäftsplan auf Grundlage einer an Nachhaltigkeit orientierten Unternehmensleitlinie beschrieben werden.[8] Mit ihm kann die Firma nach außen z.B. bei der Gewinnung von Sponsorengeldern vorgestellt werden, er hilft aber auch, sich innerhalb der Firma über Eckpunkte der Planung klar zu werden.

Aufbau einer Firmenstruktur

Parallel zur beginnenden Produktion ist die Firmenstruktur entsprechend den Erfordernissen der jeweiligen Schülerfirma aufzubauen. Wie wird die Firmenleitung organisiert, welche Abteilungen mit welchen Stellen gibt es, wie werden die Informations- und Entscheidungswege festgelegt? Häufig erfolgt die Organisation entsprechend der Rechtsformen von realen Unternehmen. Für nachhaltige Schülerfirmen hat sich die Rechtsform der Genossenschaft bewährt, ist sie doch nicht an der Gewinnmaximierung orientiert sondern am Mehren des Nutzens aller Mitglieder, die zudem gleichberechtigt sind. In Niedersachsen ist eine direkte Kooperation zwischen den nachhaltigen Schülerfirmen und dem Genossenschaftsverband Norddeutschland etabliert. Bewährt hat sich auch der Aufbau einer direkten Zusammenarbeit zwischen der Schülerfirma und einem realen Betrieb der gleichen Branche vor Ort. So kann die Schülerfirma ständig „auf dem kurzen Dienstweg" Know-how aus der realen Wirtschaft in die Schülerfirma holen und die Betriebe bekommen Einblick in die pädagogische Arbeit der Schule. Potentielle Auszubildende und Mitarbeiter können so schon früh kennen gelernt werden, und wenn das Arbeitszeugnis aus der Schülerfirma gut ausfällt, ist eine Einstellung denkbar.

---

[8] Vgl. hierzu auch Geyer, Henze & Knemöller-Neuber (2005).

Regelmäßiger Betrieb der Schülerfirma

Wenn der „Laden dann erst einmal läuft", muss die Abwicklung der Aufträge organisiert werden, Materialien müssen beschafft, gelagert und verarbeitet werden, der Vertrieb der erstellten Produkte ist zu sichern. Rechnungen müssen bezahlt und Einnahmen eingefordert werden. Konten sind zu führen. Die Buchführung muss stimmen. Neue Aufträge müssen hereingeholt werden. Die Mitarbeiter sind weiter zu qualifizieren, neue Mitarbeiter müssen gewonnen und eingearbeitet werden. Investitionen sind zu planen, zu finanzieren und durchzuführen. Neue Produkte oder Dienstleistungen sind zu entwickeln. Dabei ist der betriebswirtschaftliche Erfolg der Firma zu sichern, ein Controlling-System ist einzurichten. Ein Jahresabschlussbericht ist zu erstellen, um die Gesellschafter und Geldgeber über den Erfolg informieren zu können. Bei allen Aktivitäten, Formularen und Briefen der Schülerfirma ist ständig auf den Status der Schülerfirma hinzuweisen, um rechtliche Probleme zu vermeiden. Die Arbeit, und damit das Lernen, hören nicht auf. Es wird aber auch deutlich, dass man die Anzahl der angenommenen Aufträge sinnvoll begrenzen muss, um das Bearbeiten und damit das Lernen angemessen organisieren zu können.

Bei all diesen offenen Fragen zur Gründung, Einrichtung und dem Betrieb einer Schülerfirma können die Antworten nicht alle von der Lehrkraft kommen, denn sie muss häufig mitlernen. Aber es kann gelernt werden, wie man sich Informationen beschafft: aus Büchern, aus weiteren Medien, aber auch aus Gesprächen mit kompetenten Partnern.

3.1.4 Gesellschaftliche und soziale Aspekte von Schülerfirmen

In den Schülerfirmen werden auch gesellschaftliche Probleme und deren Lösungsansätze bearbeitet. Dabei geht es um Probleme, die in einer konkreten Situation erlebt werden.

So lassen sich z. B. praktische Erfahrungen zu den Rollen der Geschlechter in unserer Arbeitswelt – hier in der konkreten Realität der betrieblichen Wirklichkeit in den Schülerfirmen – machen. Diese Erfahrungen können bewusst gemacht und reflektiert werden und in neue Konzepte der Gleichbehandlung der Geschlechter münden. Es können aber auch andere Bereiche der Benachteiligung – wie z. B. die von Mitarbeiterinnen und Mitarbeitern mit Migrationshintergrund – aufgearbeitet werden.

Ein anderes Beispiel wäre die Einbeziehung der Eine-Welt-Problematik in das Denken und Handeln der Mitarbeiter. So gibt es Schülerfirmen, die mit Produkten aus Entwicklungsregionen dieser Welt handeln und so direkte Kontakte zu dortigen Menschen aufbauen. Das geschieht auch in Kooperation mit Eine-Welt-Läden. Andere Firmen geben ihre Gewinne in Projekte, wie es im Projektvorschlag „Da fällt was ab" (vgl. Hauenschild, Kap. 2 in diesem Band) dargestellt wird. In einem anderen Beispiel beteiligt sich eine Schülerfirma in Niedersachsen am Wiederaufforstungsprogramm des Regenwaldes auf dem Gelände einer Schule in Ghana.

Schule hat die Aufgabe, ihren Schülern für das spätere private und berufliche Leben notwendige soziale Kompetenzen praxisnah zu vermitteln. Auch hier bieten nachhaltige Schülerfirmen ideale Voraussetzungen. *Learning by doing* steht im Mittelpunkt, nicht der „pädagogische Zeigefinger". Die Mitarbeiter der Schülerfirmen lernen aus der Notwendigkeit der betrieblichen Situation miteinander und voneinander. Dies geht mit dem Einüben von auf Gemeinschaft ausgerichteten Kompetenzen einher: Dialogfähigkeit, Werteorientierung (natürlich am Schlüsselbegriff Nachhaltigkeit), Konfliktlösefähigkeit, Teamfähigkeit, Gemeinsinnorientierung und Partizipationsfähigkeit.

Wird in der Schülerfirma fair miteinander umgegangen, dann werden auch die individuellen Tugenden und Fähigkeiten der Mitarbeiterinnen und Mitarbeiter wie z. B. Zuverlässigkeit, Pünktlichkeit, Selbstreflexionsfähigkeit, Entscheidungsfähigkeit und Umgang mit Vielfalt gestärkt.

3.1.5 Die ökologische Dimension nachhaltiger Schülerfirmen

Diese Dimension lässt sich vielleicht am einfachsten verdeutlichen, wenn man einmal einen Baum als ein Produkt begreift, das von der Firma Natur erstellt wird. Wenn dann eine Produktanalyse durchgeführt wird, wird deutlich, dass der Baum ausschließlich aus heimischen nachwachsenden Rohstoffen (Humus etc.) ohne große Transportwege hergestellt wird. Dabei wird der Verbrauch der Rohstoffe optimiert. Wo der Baum großen Belastungen ausgesetzt ist (Astgabelungen), verdickt sich der Stamm und die Holzdichte wird größer. Ansonsten wird beim schlanken Stamm Material gespart. Die Produktion erfolgt ausschließlich mit erneuerbaren Energien (Nutzung der Sonnenenergie durch Photosynthese). Das Produkt und sein Produktionsverfahren sind absolut schadstofffrei. Das Produkt ist langlebig. Die abfallenden Blätter und später auch der tote Stamm mit seinen Ästen und Wurzeln lassen sich wieder voll in den biologischen Kreislauf integrieren. Es entstehen keine Abfälle und auch keine Transportwege. Mutter Natur betreibt also die ideale Firma bezüglich Material- und Energieeinsparung, Nutzung nachwachsender Rohstoffe und erneuerbarer Energien, Emissionsschutz und Abfallvermeidung.

Dieses Ideal werden Schülerfirmen wohl nie erreichen können. Aber die Produkt- und Produktionsprinzipien der Firma Natur können von den Mitarbeitern erkannt werden und Richtschnur für das eigene Handeln werden. Schülerfirmen müssen ihre Produkte und ihre Produktionsverfahren ständig verbessern und in diese Richtung entwickeln. Optimale Annäherung wird das Thema sein, nicht die Kopie. Das gilt sowohl für Firmen, die Bioprodukte verkaufen oder auch für solche, die Computerrecycling betreiben. Alle müssen sich in Richtung Firma Natur bewegen. Das auch hier viel in konkreten Zusammenhängen handlungsorientiert gelernt werden kann, ist klar. Die Erkenntnisse sind nicht nur für den späteren Mitarbeiter im Betrieb wichtig sondern auch für den späteren Konsumenten.

3.2 Nachhaltige Schülerläden

Wer nachhaltiges Verhalten und eine ökonomische Grundbildung vermitteln möchte, muss früh anfangen. Ein Einstieg in die Themenbereiche erst in der Sekundarstufe I oder gar II ist viel zu spät. In diesen Stufen steht die Berufsvorbereitung auf die veränderte Arbeitswelt von Morgen im Mittelpunkt.

Das Kerncurriculum für die Jahrgänge 1 - 4 für Sachunterricht in der niedersächsischen Grundschule (vgl. Niedersächsisches Kultusministerium 2006) weist viele Bezüge zur ökonomischen Grundbildung auf, die im Rahmen eines von den Schülern betriebenen Ladens mit Unterstützung der Lehrkräfte praxis- und handlungsorientiert vermittelt werden können. So geht es z.B. um die Bewertung von Produkten, den Umgang mit Geld, Kostenermittlung, Werbung, Formen von Arbeit, Kennenlernen verschiedener Berufe und verschiedener Arbeitsbedingungen und Gestaltung von Räumen. Das sind alles Themenfelder, die bei der Arbeit in einem Schülerladen „wie von selbst" auf die Tagesordnung kommen und die Schüler sehr interessieren, weil sie sich aus ihrer Arbeit ergeben. Die genannten Themen werden in einem Schülerladen nicht nur eingeführt und einmalig behandelt, sie werden praktiziert, wiederholt und damit eingeübt. Das sind gute Bedingungen für einen dauerhaften Lernerfolg auch bei Kindern im Grundschulalter.

Im Kerncurriculum Sachunterricht geht es aber nicht nur um die Vermittlung ökonomischer Grundkenntnisse, sondern neben der Anbahnung betriebswirtschaftlicher Erkenntnisse auch – wie in anderen Fächern – um die Stärkung der Persönlichkeit und um das Einüben von sozialen Kompetenzen. So sollen sie z.b. Regeln des Zusammenlebens kennen und praktizieren, Konflikte lösen können, Jungen und Mädchen gleich behandeln, demokratische Entscheidungen vorbereiten, treffen und umsetzen, Diskussionen führen können, Vielfalt in der Klasse, der Schule und der Gesellschaft wahrnehmen und sich in die Rolle anderer versetzen können.

Es geht in einem Schülerladen darüber hinaus auch um Fragestellungen, die im Sinne des Leitbildes Nachhaltige Entwicklung (vgl. Hauenschild, Kap. 2 in diesem Band) einen direkten Bezug zur Ökologie haben und die im Kerncurriculum Sachunterricht vorgesehen sind. So können z. B. Produkte in Bezug auf ihre Auswirkungen auf die Umwelt analysiert, der Einfluss des wirtschaftenden Menschen auf den Raum untersucht und selbst hergestellte Lebensmittel unter dem Aspekt der gesunden Ernährung betrachtet werden. Natur soll als endliche Ressource erkannt werden, Themen wie Abfall- und Abwasserbehandlung, Vermeidungsstrategien, Ressourcenschonung und Recycling sind zu behandeln. Auch hier bieten die Schülerläden wieder den nicht zu unterschätzenden Vorteil, dass über diese Themen nicht nur geredet wird, sondern dass sie im praktischen Handeln umgesetzt werden.

Es wird sofort deutlich, dass das Dreieck der Nachhaltigkeit aus Ökonomie, Ökologie und Sozialem nicht nur im Kerncurriculum der Grundschule auftaucht sondern sich auch direkt in der Wirklichkeit eines Schülerladens widerspiegelt.

Der größte Vorteil des Schülerladens ist aber, dass die drei Elemente der Nachhaltigkeit nicht einfach unvermittelt nebeneinander stehen bleiben. Die direkte Abhängigkeit und interne logische Beziehung der drei Größen „Ökologie", „Soziales" und „Ökonomie" wird sehr schnell deutlich, z.b. bei der Frage der Preiskalkulation. So kann es passieren, dass bei Umsetzung aller ökologisch relevanten Alternativen bei der Gestaltung eines Produktes ein Preis des Produktes herauskommt, der am Markt nicht mehr durchzusetzen ist. Ein Betrieb, der nicht verkauft, kann aber nicht existieren. Deswegen muss ein optimaler Kompromiss im Spannungsfeld Ökonomie und Ökologie gefunden werden. Die Schüler begreifen, dass die Größen in einem Spannungsverhältnis zueinander stehen. Optimale Lösungen sind kaum möglich, in der Dilemmasituation muss ein möglichst guter, nachhaltiger Kompromiss nach dem Motto der nachhaltigen Schülerfirmen gefunden werden: Erfolgreich wirtschaften in ökologischer und sozialer Verantwortung.

Die Schüler begreifen an einfachen Beispielen, dass unsere Welt ein Netzwerk ist, in dem verschiedene Bereiche miteinander verknüpft sind (Retinität). Sie lernen, wenn man einen Knotenpunkt verschiebt, dann verändert sich nicht nur dieser Knotenpunkt, sondern auch die anderen verschieben sich mehr oder weniger stark, je nach dem, wie nahe sie dem verschobenen Punkt sind. Aber auch scheinbar ferne Knotenpunkte werden noch berührt. Das Ganze kann man für Grundschüler an einem einfachen selbst gebauten Modell deutlich machen. So wird spielerisch vernetztes Denken angebahnt.

Mit dem vernetzten Denken im Dreieck der Nachhaltigkeit sind wir mitten im Zentrum der Bildung für Nachhaltige Entwicklung (BNE) angekommen. Vermittlung von vernetztem Denken im Dreieck der Nachhaltigkeit von Wirtschaft, Umwelt und Gesellschaft ist ein wesentliches Ziel von BNE, nämlich die Schüler in die Lage zu versetzen, nicht nachhaltige Entwicklungen zu erkennen[9], aber auch nachhaltige Entwicklungen zu identifizieren und an deren Umsetzung partizipieren zu können. Voraussetzung dafür ist die Vermittlung von Gestaltungskompetenz, die über die gesamte Schulkarriere unserer Schüler entwickelt werden soll. Was nachhaltige Schülerläden in der Grundschule und nachhaltige Schülerfirmen in den Sekundarstufen I und II in diesem Kontext leisten können, soll im Folgenden in Anlehnung an die Teilkompetenzen der Gestaltungskompetenz exemplarisch verdeutlicht werden (vgl. de Haan 2002):

- *Kompetenz, vorausschauend zu denken und zu handeln*

Ökonomisches wie ökologisches Handeln verlangen Überlegungen, die über die Gegenwart hinausgreifen. So gilt es aus ökonomischer Perspektive beispielsweise, Marktnischen auf Grundlage vorhandener Daten, aber auch mit

---

[9] Anhaltspunkte könnte hier das „Syndromkonzept" des WBGU (Wissenschaftlicher Beirat der Bundesregierung Globale Umweltveränderungen) liefern, in dem weltweite Entwicklungen zum nicht nachhaltigen Umgang mit Ressourcen beschrieben und systematisiert werden (vgl. WBGU 1996).

Hilfe von Kreativität und Vorstellungsvermögen zu finden. Der Markt ist permanent zu beobachten, um neue Tendenzen zu erkennen und in entsprechende Produkte umzuwandeln. Diese Produkte müssen ebenso wie passende Marketingkonzepte entwickelt werden. Dies schließt den Umgang mit Unsicherheiten ebenso ein wie das Thematisieren von Chancen und Risiken. Betriebswirtschaftliche Strukturen sind zukunftsorientiert auszurichten. Gleichzeitig sind soziale und ökologische Probleme, die möglicherweise mit neuen Produkten und Produktionsverfahren einhergehen, zu erkennen und zu verhindern. Das Nachhaltigkeitsaudit stellt ein Verfahren dar, um solche Optimierungsanstrengungen als kontinuierlichen Prozess zu gestalten.

- *Kompetenz, weltoffen und neue Perspektiven integrierend Wissen aufzubauen*

Die Arbeit in Schülerläden/Schülerfirmen bietet vielfältige Chancen, das eigene Handeln und einzelne Entscheidungen hinsichtlich weltweiter Wirkungen zu hinterfragen. Dies lässt sich am Beispiel der Beschaffung, die ein wesentliches Tätigkeitsfeld in Schülerfirmen darstellt, veranschaulichen:

Da sich die Schülerläden/Schülerfirmen der Nachhaltigkeit verpflichtet fühlen, sollten sie bei der Materialauswahl globale Aspekte berücksichtigen. Schülerfirmen, die beispielsweise eine Cafeteria betreiben, müssen sich entscheiden, ob sie die Brötchen mit Wurst aus ökologischer oder konventioneller Landwirtschaft belegen möchten. Dies schließt die Beschäftigung mit dem Thema "Futtermittel" ein. Im konventionellen Landbau treffen die Schülerinnen und Schüler dann schnell auf das Problem "Soja": Der Sojaanbau vernichtet in der sog. „Dritten Welt" Regenwälder, nimmt den einheimischen Bauern die Flächen für ihre traditionelle Landwirtschaft, vernichtet so traditionelle soziale Strukturen im dortigen ländlichen Raum und trägt zur Bodendegradation bei. Aber auch in Deutschland werden kleinbäuerliche Strukturen zerstört. Über die Verfütterung von Soja wird die Tierproduktion von der Fläche des Betriebes unabhängig gemacht; dies markiert einen wesentlichen Baustein der Massenproduktion von Tieren. Vor solchem Hintergrundwissen müssen die Schüler ihre betrieblichen Entscheidungen treffen: entweder "billige" Brötchen mit Produkten der industriellen Landwirtschaft (ökonomischer Aspekt) oder "teurere" Brötchen mit Produkten des ökologischen Landbaus (ökologischer und sozialer Aspekt). Wichtig ist aber, dass die Schüler ihre Entscheidungen eigenverantwortlich und selbst begründet treffen und nicht der „moralische Zeigefinger" der Lehrkräfte entscheidend ist.

- *Kompetenz, interdisziplinär Erkenntnisse zu gewinnen und zu handeln*

Schülerläden/Schülerfirmen sind - wie alle Unternehmen - ein komplexes System. Sie zwingen zum problemorientierten Arbeiten, das unterschiedliche Fähigkeiten und Herangehensweisen verlangt. Dies lässt sich z.B. leicht an den vielfältigen Arbeitsanforderungen einer Schülerfirmen verdeutlichen, die sich verschiedenen Fächern/Kompetenzen zuordnen lassen:

  - o Um Aufträge zu bekommen, bedarf es adressatengerechter Werbestrategien (Fach Deutsch, Kunst).
  - o Angebote müssen eingeholt und Material muss beschafft (Wirtschaftslehre/Deutsch) und gelagert werden (Wirtschaftslehre).

- o Das Produkt muss hergestellt werden (je nach Produkt z. B. Werkunterricht, Textilunterricht, Hauswirtschaftslehre).
- o Der Absatz muss organisiert werden (Deutsch/Wirtschaftslehre).
- o Buchführung und Controlling sind unverzichtbar (Mathematik, Wirtschafslehre).
- o Aspekte der Nachhaltigkeit müssen recherchiert und entschieden werden (Geographie, Biologie, Chemie, Wirtschaftslehre, Informatik).
- o Stellen müssen ausgeschrieben werden, Bewerbungen sind zu schreiben (Deutsch).

- *Kompetenz, an Entscheidungsprozessen partizipieren zu können*

In nachhaltigen Schülerläden/Schülerfirmen werden viele betriebliche Entscheidungen gemeinsam in der Mitarbeiterversammlung, in den Abteilungen, in Arbeitsgruppen oder Gremien wie Vorstand oder Aufsichtsrat getroffen. Die Schüler lernen, dass Entscheidungen vorbereitet werden müssen. Man braucht sachliche Informationen über Alternativen, muss Kriterien zur Bewertung von Alternativen entwickeln. Die Alternativen sind zu diskutieren, vor der Entscheidung sind Bündnispartner zu finden. Eine Entscheidung ist zu treffen und letztendlich zu respektieren und gemeinsam zu tragen. Das Einüben von Partizipation am Beispiel der Schülerfirma ist auch Demokratieerziehung im eigentlichen Sinn.

- *Kompetenz, gemeinsam mit anderen zu planen und zu handeln*

Nachhaltiges betriebliches Wirtschaften heißt im Wesentlichen, Handlungsabläufe unter Berücksichtigung benötigter Ressourcen und ihrer Verfügbarkeit zu planen und diese dann konsequent umzusetzen. Dabei gilt es auch, mögliche Unsicherheiten bereits bei der Planung mit zu berücksichtigen. Bei der Umsetzung sind „fehlerfreundliche" Strategien anzustreben, die im Falle veränderter Bedingungen oder neuer Erkenntnisse Korrekturen ermöglichen. Ein solches Arbeits- und Lernarrangement verdeutlicht Wechselwirkungen zwischen einzelnen Faktoren und führt zu möglichen Zeitverzögerungen.

- *Kompetenz, Empathie und Solidarität zu zeigen*

Schüler erfahren in den Schülerläden/Schülerfirmen schnell, dass nicht alle Mitarbeiterinnen und Mitarbeiter die gleichen charakterlichen, körperlichen und geistigen Fähigkeiten besitzen. Um die Aufträge pünktlich und zuverlässig abwickeln zu können, muss man sich auch einmal gegenseitig helfen. Auf diese Weise entwickeln die Schüler ein Gespür dafür, wann jemand Hilfe braucht und erlernen die Bereitschaft zu aktiver Unterstützung. In den Schülerfirmen können Mitarbeiterschulungen (Fortbildungsangebote) stattfinden.

Einige Schülerfirmen haben das Problem der „Einen Welt" direkt in ihre Firmenphilosophie eingebunden und leisten ihren Beitrag für mehr Gerechtigkeit, für einen Ausgleich zwischen Arm und Reich. So handeln sie beispielsweise auch mit Produkten von Partnerschulen in Afrika und stellen anschließend den Gewinn der Schülerfirma zu einem großen Teil der betreffenden Partnerschule zur Verfügung. Ein solches Engagement schließt die Kompetenz für transkulturelle Verständigung und Kooperation ein.

- *Kompetenz, sich und andere zu motivieren*

Schülerfirmen leben von der eigenständigen Leistung ihrer Mitarbeiter. Leistung ist aber nur auf der Grundlage von Motivation möglich. Die Praxis- und Handlungsorientierung des Projektansatzes setzt bei vielen Schülern vorher ungeahnte Entwicklungspotenziale frei und zeigt eine stark motivierende Wirkung. Schüler erfahren, dass ihre Leistungen am realen Markt nachgefragt werden, dass sie für ihre Produkte oder Dienstleistungen Geld erhalten, dass sie als Partner ernst genommen werden, dass sie Probleme selbstständig lösen können usw. Das Firmenteam fängt natürlich auch diejenigen auf, die einmal einen "Durchhänger" haben.

- *Kompetenz, eigene Leitbilder und die anderer zu reflektieren*

Betriebliche Überlegungen und Entscheidungen – wie die Auseinandersetzung mit dem Nachhaltigkeitsaudit – zwingen die Schüler immer wieder, sich in grundsätzlicher Weise mit der Frage auseinander zu setzen, in welche Richtung sich ihre Firma entwickeln soll. Dabei spielen Fragen der persönlichen Lebensführung einschließlich individueller Konsummuster eine ebenso zentrale Rolle wie gesamtgesellschaftliche Entwicklungen und kulturelle Wertorientierungen. Solche Reflexionsanstrengungen rücken zumindest kurzfristig in den Mittelpunkt der Betrachtung und markieren eine wichtige pädagogische Funktion von Schülerfirmen.

3.3 Fazit

Nachhaltige Schülerläden und Schülerfirmen sind – wenn altersgemäß betrieben – sinnvolle Lernarrangements, um ökonomische Grundbildung an Grundschulen und Berufsvorbereitung in den Sekundarstufen I und II im Kontext einer Bildung für Nachhaltigkeit umzusetzen.

3.4 Literatur

BMU – Bundesministerium für Umwelt, Naturschutz und Reaktorsicherheit (Hrsg.) (1997): Umweltpolitik. Agenda 21, Konferenz der Vereinten Nationen für Umwelt und Entwicklung im Juni 1992 in Rio de Janeiro, Dokumente. Bonn.
Bildung für nachhaltige Entwicklung Weltdekade der Vereinten Nationen 2005 – 2014: [http://www.bne-portal.de/coremedia/generator/unesco/de/05__UN__Dekade__Deutschland/Die_20UN-Dekade_20in_20Deutschland.html; 11.03.2009]
Dasecke, Rolf; von Monschaw, Beatrice (2008): Nachhaltige Schülerfirmen – auch in der Grundschule? In: Bolscho, D.; Hauenschild, K. (Hrsg.): Ökonomische Bildung mit Kindern und Jugendlichen. Frankfurt/M., S. 180-189.
Geyer, Ronald; Henze, Ulrike; Knemöller-Neuber, Andreas (2005): Nachhaltige Schülerfirmen – Leitfaden zur Erstellung eines Business Plans (Geschäftsplan) für nachhaltige Schülerfirmen. Westerstede.
Haan, Gerhard de (2002): Die Kernthemen der Bildung für eine nachhaltige Entwicklung. In: Zeitschrift für internationale Bildungsforschung und Entwicklungspädagogik, 25, S. 13-20.
Niedersächsisches Kultusministerium (Hrsg.) (2006): Kerncurriculum für die Grundschule, Schuljahrgänge 1-4, Sachunterricht.

Stadt Hannover (Hrsg.) (2008): Alles was Recht ist – rechtliche Grundlagen für nachhaltige Schülerfirmen. Hannover.
WBGU – Wissenschaftlicher Beirat der Bundesregierung Globale Umweltveränderungen (1996): Welt im Wandel. Herausforderung für die deutsche Wissenschaft. Jahresgutachten 1996. Berlin u.a.
www.dekade.org; 12.03.2009.

4. Die Bedeutung außerschulischen Lernens für die Vermittlung von Bildung für Nachhaltige Entwicklung

Karin Schulze

Ein afrikanisches Sprichwort lautet: „Um ein Kind großzuziehen braucht es ein ganzes Dorf". Die Aussage in diesem Satz trifft den Kern dessen, was Bildung für Nachhaltige Entwicklung (BNE) in der praktischen Umsetzung bedeuten kann. Wir können diese Erkenntnis übertragen und ausweiten auf das *Globale Dorf*, in dem wir aufgrund der Globalisierung heute mittlerweile leben.

Seit 2002 leiten meine Kollegin und ich die Koordinationsstelle Umweltbildung und Globales Lernen (KUGL, Landkreis Göttingen). Nach einer einjährigen Machbarkeitsanalyse führten wir ein vierjähriges Modellprojekt „Vernetzte Bildung für eine Nachhaltige Entwicklung in Grundschulen – eine Region wird zum naturnahen Lernort" in Südniedersachsen durch. Zentrale Ziele dieses Vorhabens waren die standortangepasste Entwicklung von Unterrichtskonzepten zu BNE in der Grundschule und deren Umsetzung mit außerschulischen Partnern und Lernorten. Die Modellschulen haben pro Schuljahr 10 in den Unterricht integrierte Projekte an außerschulischen Lernorten und/oder mit außerschulischen Partnern durchgeführt. Die Erfahrungen aus diesen vier Jahren fließen in meinen vorliegenden Beitrag ein. An dem in diesem Handbuch dargestellten Pilotprojekt „Nachhaltiges Wirtschaften erfahren an Grundschulen" war die Koordinationsstelle Umweltbildung und Globales Lernen als Unterstützungs- und Beratungseinrichtung mit einer ihrer Modellschulen beteiligt.

4.1 Die Bedeutung außerschulischen Lernens

Außerschulisches Lernen wird in diesem Zusammenhang als schulisches Lernen an außerschulischen Standorten definiert. Die Lernerfahrungen finden während der regulären Schulzeit statt, sie klammern Lernsituationen während der Freizeit und der Ferien aus.

Die Einbeziehung außerschulischer Experten und Akteure in den Unterricht in der Schule stellt eine entscheidende Ergänzung dar und steht häufig im Zusammenhang mit außerschulischen Lernorten (vgl. 4.4). Die Bedeutung außerschulischen Lernens wird in der Bildungslandschaft in den letzten Jahren verstärkt betont. In offiziellen Veröffentlichungen zur Schulentwicklung, zu Qualitätskriterien für Unterricht und zur Gestaltung von Unterricht wird die Öffnung der Schulen in ihr Umfeld und in gesellschaftliche Zusammenhänge hinein als ein wesentliches Kriterium für eine zukunftsfähige Schule dargestellt. Die Aufgaben der Schulen sind aufgrund des gesellschaftlichen Wandels vielschichtiger geworden, sie tragen eine große Verantwortung, Schülerinnen und Schüler auf das Leben in einer komplizierten globalisierten und sich immer schneller verändernden Welt vorzubereiten. Daher muss Lernen aus dem „Elfenbeinturm Schule" hinaustreten und das Lebensumfeld der Kinder, das gesellschaftliche Umfeld der Schule und die gesellschaftliche Realität einbeziehen.

„Schule als Lern- und Lebensort, das heißt auch die Öffnung von Schule in die Region. Kooperationen in der Bildung und Betreuung mit freien Trägern der Jugendhilfe, Musikschulen, Sportvereinen, Kirchengemeinden und der Wirtschaft bringen Innovation und Erweiterung des Angebotsspektrums. (…) Schulen brauchen neue Partner, damit sie auch zukünftig angesichts der Herausforderungen des gesellschaftlichen Wandels ihrem Bildungs- und Erziehungsauftrag gerecht werden können. Nur im engen Kontakt mit ihrem gesellschaftlichen Umfeld können Schulen heute für das Lernen sowohl den angemessenen Rahmen als auch die notwendige Verknüpfung mit der gesellschaftlichen Realität bieten." (Senatsverwaltung für Bildung, Wissenschaft und Forschung o.J.).

Nicht vernachlässigen sollte man bei der Betrachtung des außerschulischen Lernens weiterhin, dass hiervon auch die Lehrkräfte in großem Umfang profitieren: Zum einen bieten außerschulische Lernorte und außerschulische Akteure, die in Schulen Unterricht mitgestalten, in der Regel eine inhaltliche und methodische Bereicherung für die Vermittlung der Unterrichtsinhalte. Zum anderen kann das Fachwissen an den Lernorten und der außerschulischen Akteure für die Lehrkräfte eine große Entlastung darstellen. Die Anforderungen an Lehrerinnen und Lehrer, sich in vielen Fachdisziplinen immer auf dem neuesten Stand des Wissens zu halten, sind immens hoch. Daher kann die gute Zusammenarbeit mit externen Partnern inhaltlich auch für die Lehrerkollegien eine neue Lernerfahrung und -bereicherung bedeuten. Als Ergänzung bieten etliche außerschulische Lernorte über die Projekte mit Schulklassen hinaus auf ihr Programm abgestimmte Lehrkräftefortbildungen an.

Formen und Qualitätskriterien außerschulischen Lernens

Die wesentlichen Formen, in denen außerschulisches Lernen stattfinden kann, sind folgende:

- Besichtigungen,
- Exkursionen,
- Führungen,
- Erkundungen,
- Projekttage, -wochen und
- Klassenfahrten.

Zur Beurteilungen von Angeboten können folgende Qualitätskriterien für außerschulisches Lernen und die Zusammenarbeit mit außerschulischen Partnern herangezogen werden:

- Verbindung zum bzw. Einbindung in den Unterricht,
- vor- und nachbereitende Gespräche und Absprachen,
- Eingehen auf die Bedürfnisse der Lehrkraft/Schule,

- ausreichende Zahl der Betreuerinnen und Betreuer am Lernort,
- pädagogische Qualifikation der Mitarbeiterinnen und Mitarbeiter des Lernortes,
- Handlungsorientierung des Angebots,
- Beteilungs- und Gestaltungsmöglichkeiten für Schülerinnen und Schüler,
- Methodenvielfalt (z.B. Stationenlernen, Interviews, Erkundungsmöglichkeiten, Gruppenarbeit, selbstständiges und selbstorganisiertes Lernen ...),
- Möglichkeit von langfristiger Zusammenarbeit/Kooperation.

Für ein gutes Gelingen ist eine Verbindung von außerschulischem und schulischem Lernen entscheidend. Je mehr die Erfahrungen an außerschulischen Lernorten oder die Unterrichtsprojekte mit außerschulischen Akteuren in den Unterrichtsablauf und in den Schulalltag und das Schulleben integriert sind, desto stärker profitieren alle Beteiligten von einer Zusammenarbeit.

Außerschulisches Lernen in der Grundschule

Das Aufsuchen außerschulischer Lernorte hat in der Grundschule eine lange Tradition. Besuche von im Schulumfeld gelegenen Orten wie Post, Feuerwehr, Geschäften, Bauernhöfen, Polizei etc. sind im Sachunterricht traditionell verankert. Die Grundschule bietet in der Regel durch die Struktur der Unterrichtsgestaltung für die Lehrkräfte einen wesentlich größeren Handlungsspielraum als die weiterführenden Schulen. In den älteren Rahmenrichtlinien und Lehrplänen für Grundschulen sind für das Fach Sachunterricht viele Hinweise auf außerschulische Lernorte zu finden. Hierbei handelte es sich in der Vergangenheit jedoch sehr oft um Exkursionen in Form von Besichtigungen, die wenige Handlungs- und Beteiligungsmöglichkeiten für die Kinder boten.

Durch die Weiterentwicklung der Lehrpläne und die Betonung des Kompetenzerwerbs wird bei der inhaltlichen Ausgestaltung außerschulischen Lernens verstärkt auf eine größere Methodenvielfalt Wert gelegt. Auf dieser Ebene hat sich bei vielen außerschulischen Lernorten in den letzten Jahren Positives entwickelt: pädagogische Mitarbeiterinnen und Mitarbeiter in Museen, Schul- und Lernbauernhöfe, wald- und naturpädagogische Angebote usw. Erfreulich für die Grundschulen: Die Projektangebote von außerschulischen Lernorten sind zum großen Teil auf die Primarstufe zugeschnitten. Dies liegt sicherlich an der großen Nachfrage aus diesem Bereich, Angebot und Nachfrage bedingen sich dabei gegenseitig.

Bereits in der Grundschule kontinuierlich mit außerschulischem Lernen als Teil des Unterrichts zu arbeiten, hat für die Kinder viele Vorteile: Je früher Schülerinnen und Schüler regelmäßig außerhalb der Schule an verschiedenen Standorten eigenständig und in Teams Projekte entwickeln und umsetzen, desto selbstverständlicher wird diese Art des Lernens innerhalb ihrer Lernbiographie verankert sein. Es kommt vor allem auf das Lernen in sinnvollen Kontexten an:

„Das meiste Lernen ist nicht das Ergebnis von Unterweisung. Es ist vielmehr das Ergebnis unbehinderter Interaktion in sinnvoller Umgebung." (Illich 2003).

4.2 Außerschulische Lernorte und Bildung für Nachhaltige Entwicklung

In Kapitel 2 (vgl. Hauenschild in diesem Band) wurden der Ansatz und das Konzept einer Bildung für Nachhaltige Entwicklung (BNE) bereits ausführlich vorgestellt. Daher wird an dieser Stelle nur noch einmal betont, dass BNE ohne die Öffnung von Schule und ohne das Einbeziehen außerschulischer Partner und Lernorte undenkbar ist. Die Mitgestaltung einer zukunftsfähigen Gesellschaft kann in der Schule in enger Zusammenarbeit mit außerschulischen Lernorten und Akteuren für alle relevanten Bereiche einer Nachhaltigen Entwicklung (wie Ökologie, Ökonomie, Soziales, Kultur und Politik) erprobt und gelernt werden. „BNE zeigt Möglichkeiten für die Gestaltung der Schule als erweiterten Lernort auf. Die Öffnung der Schule zum regionalen Umfeld und zur Lebenswirklichkeit der Schüler und Schülerinnen, der Gestaltung der Schule und der Schulräume und der Lernumgebung, der Erweiterung der Lern- und Erfahrungsmöglichkeiten sind wichtige Handlungsfelder in diesem Zusammenhang." (KMK 2007).

Der Besuch außerschulischer Lernorte kann bereits in der Schule unter BNE-Gesichtspunkten vorbereitet werden. Wird zum Beispiel der Besuch eines landwirtschaftlichen Betriebes mit Tierhaltung unter ökologischen, ökonomischen und sozialen Aspekten mit Grundschulkindern im Unterricht behandelt, können die Kinder bei dem Aufenthalt auf dem Bauernhof lernen, dass der Zweck des Betriebes die Produktion von Lebensmitteln ist. Ebenso kann das Berufsbild des Landwirtes zum Thema gemacht werden.

An außerschulischen Lernorten oder durch Projekte mit außerschulischen Partnern in der Schule können Kinder begreifen und erfahren, dass die Gestaltung und Veränderung ihres Lebensumfeldes im Sinne einer Nachhaltigen Entwicklung möglich sind. Sie haben die Chance, authentische Erfahrungen zu machen und sich mit realen Situationen, Problemen und Lösungsmöglichkeiten auseinander zu setzen. „Eine systematische Zusammenarbeit mit außerschulischen Partnern erweitert die Möglichkeiten und den Handlungsrahmen der schulischen Bildungsarbeit. So kann zum einen das Themenspektrum erweitert werden, zum anderen können auch Kompetenzen gefördert werden, für die es vorrangig im außerschulischen Umfeld Lernorte und -angebote gibt. Schulen können damit zu einem Bestandteil kommunaler Handlungsprogramme werden. Neben zivilgesellschaftlichen Organisationen und wissenschaftlichen Einrichtungen sind auch Unternehmen wesentliche Kooperationspartner der BNE. Kooperationen mit diesen Partnern können im Rahmen der BNE zu Schulpartnerschaften, Schülerfirmen und gemeinsam getragenen Projekten und Kampagnen führen." (KMK 2007).

Um BNE gerecht zu werden, sollten die außerschulischen Lernorte oder Akteure mit den Grundlagen von BNE vertraut sein und die Schülerinnen und Schüler bei ihren Lernerfahrungen unterstützen können. Dieses wird je nach außerschulischem Partner nicht immer der Fall sein. Findet jedoch eine langfristige Kooperation von Schulen mit außerschulischen Partnern statt, können durch Fortbildungen und regelmäßigen Austausch die wesentlichen Grundlagen von BNE vermittelt werden.

4.3 Auswahl außerschulischer Lernorte

Die Auswahl außerschulischer Lernorte ist von der Schule, dem Schulstandort und der näheren und weiteren Umgebung abhängig. Ebenso werden die Lehrkräfte und Kinder je nach Schulprogramm, Fach und Unterrichtsthema die Lernorte zusammenstellen, die für die Bearbeitung der Themen und Inhalte geeignet erscheinen.

Eine Ausdifferenzierung zwischen Lernort und Lernstandort wird von Salzmann (o.J.) vorgenommen:

- „**Lernorte** sind, wie der Name sagt, Orte, an denen gelernt werden kann. Im Zusammenhang mit den erwähnten Unterrichtsgängen Exkursionen, Lehrwanderungen kann jeder Ort auch zum Lernort werden: Der Wald, das Moor, der Bach, der Handwerksbetrieb, das Krankenhaus, das Einkaufszentrum usw.

- **Lernstandorte** sind **außerschulische Lernzentren**, die den Nutzern auf Dauer zur Verfügung stehen und durch gezielte didaktisch-methodische Maßnahmen eine Fülle von Primärerfahrungen ermöglichen und interessante Lernanlässe und Aktivitätsmöglichkeiten eröffnen."

In Niedersachsen zählen z.B. die Regionalen Umweltbildungszentren (RUZe) zu den Lernstandorten. Aber auch Schulbauernhöfe und viele andere Zentren, Museen, Universitäten etc. bieten speziell für verschiedene Schulstufen entwickelte pädagogische Angebote.

4.4 Außerschulische Experten und Akteure in der Schule

Der Einsatz außerschulischer Experten und Akteure darf im schulischen Lernen nicht fehlen. Die damit verbundene Öffnung von Schule erfordert eine Bewegung in zwei Richtungen:

- Schülerinnen und Schüler erkunden gemeinsam mit ihren Lehrkräften das Schulumfeld und suchen außerschulische Lernorte auf. Sie bewegen sich in der gesellschaftlichen Realität und verbinden sie mit dem Schulleben und ihren Erfahrungen.

- Oft ist es jedoch auch sinnvoll, außerschulische Experten und Akteure in die Schule einzuladen. Dies kann eine Ergänzung zu dem Besuch eines außerschulischen Lernortes darstellen: nach einem Projekttag auf einem Landwirtschaftsbetrieb kann z.B. der Bauer oder die Bäuerin in der Schule mit den Kindern Lebensmittel weiterverarbeiten (Brot backen, Käse herstellen etc.). Viele Themen aus dem Globalen Lernen, einem wesentlichen Bestandteil der BNE, können von entwicklungspolitischen Organisationen oder ehemaligen EntwicklungshelferInnen pädagogisch qualifiziert und umfassend im Unterricht behandelt werden. Je nach Schulstandort gibt es für diesen Bereich eine gute Auswahl an außerschulischen Lernorten (z.B. Weltläden, Museen, Botanische Gärten), das ist aber nicht flächendeckend der Fall. Auch für die Gestaltung der Schule und des Schullebens (Gelände, Energiesparen, Gewaltprävention ...) bieten sich außerschulische Akteure in der Zusammenarbeit an. Es gibt jedoch auch wesentliche Bereiche, in denen der Besuch eines außerschulischen Lernortes nicht möglich ist.

Die Einführung von immer mehr Ganztagsschulen erfordert hier ebenfalls eine Kooperation mit qualifizierten außerschulischen Partnern, die das Nachmittagsprogramm idealerweise in Kombination mit außerschulischen Lernorten gestalten.

Lernorte und außerschulische Akteure im Zusammenhang mit „Nachhaltiges Wirtschaften erfahren"

Bei dem Themenschwerpunkt „Nachhaltiges Wirtschaften erfahren" des vorliegenden Handbuchs ergibt sich vom Inhalt her die Notwendigkeit, mit außerschulischen Lernorten und Akteuren zusammenzuarbeiten. Im Folgenden soll aufgezeigt werden, welche Ebenen der Kooperation bei dieser Thematik sinnvoll erscheinen.

Wie aus der Beschreibung des Schülerladenprojektes (vgl. von Monschaw, Kap. 5 in diesem Band) hervorgeht, hängt es u.a. von den Inhalten und der Ausgestaltung des Vorhabens ab, welche Projektpartner aus dem näheren und weiteren Schulumfeld eingebunden werden können. Sinnvoll ist eine Zusammenarbeit mit Wirtschaftsbetrieben, Handwerkern etc., die sozusagen aus derselben Branche kommen wie der Schülerladen. Besteht bei Grundschulprojekten wohl noch nicht die Gefahr eines Konkurrenzunternehmens, so kann ein Betrieb aus derselben Sparte hilfreich zur Seite stehen, eventuell besichtigt werden und vielleicht sogar als Förderer und Sponsor gewonnen werden.

Weiterhin ist es zweckmäßig, einen außerschulischen Lernort oder Lernstandort als langfristigen Kooperationspartner einzubeziehen. Im Projekt *Nachhaltiges Wirtschaften erfahren an Grundschulen* standen hierfür die Regionalen Umweltbildungszentren zur Verfügung.

Je nach Projektschwerpunkt des Schülerladens können weitere Lernorte und Akteure die Umsetzung abrunden. Zum Beispiel ist bei Projekten rund um Lebensmittel eine Zusammenarbeit mit Verbraucherberatung, Ernährungsberatern, Landwirtschaft und Experten zu fairem Handel sinnvoll.

Was ist bei der Zusammenarbeit mit außerschulischen Lernorten und Partnern zu bedenken?

Bei der kurz- und langfristigen Zusammenarbeit mit außerschulischen Partnern und Lernorten sollten über die o.g. Punkte hinaus folgende Dinge bedacht werden:

- Finanzierung der Projekte,
- Kooperationsvertrag bei Interesse an regelmäßiger Zusammenarbeit,
- langfristige Planung von Projekten und Terminen,
- Absprache der Rahmenbedingungen (Zeitrahmen, Ablauf, Kosten, Fahrt, Verpflegung, Ausstattung der Teilnehmerinnen und Teilnehmer, Zahl der Lehrkräfte, Genehmigung der Eltern (wenn nötig), Rücktrittsregelung).

4.5 Zum Schluss

Am Abschluss der Betrachtungen zu außerschulischem Lernen möchte ich einen weltweit geschätzten Menschen und Lehrer, den Dalai Lama, aus seinem Grußwort in dem Buch „Reise ins lebendige Leben – Strategien zum Aufbau einer zukunftsfähigen Welt" (Macy & Brown 2007) zitieren:

„Es wird uns Menschen immer klarer, wie sehr wir mit praktisch allen Aspekten unseres Lebens in ein Netz wechselseitiger Abhängigkeiten eingebunden sind. Und doch scheint dies wenige Auswirkungen zu haben auf die Frage, wie wir uns selbst in unserer Beziehung zu unseren Mitwesen und zu unserer Umwelt sehen. (…) So wie die Dinge heute stehen, hängt das Überleben der Menschen davon ab, dass sie anfangen, sich für die Lage der gesamten Menschheit zu interessieren, nicht nur die ihres Landes oder ihres näheren Umfelds. Die Wirklichkeit unserer Situation fordert von uns, dass wir klar werden in unserem Denken und Handeln. Engstirnigkeit und egozentrisches Denken mögen für uns in der Vergangenheit von Nutzen gewesen sein. Heute führen sie uns in die Katastrophe. Es bedarf einer gesunden Verbindung aus Lernsituationen und praktischen Erfahrungen, um solch eine Einstellung zu überwinden."

4.6 Literatur

Illich, Ivan (2003): Entschulung der Gesellschaft. München, 5. Aufl.
Macy, Joanna; Brown, Molly Young (2007): Reise ins lebendige Leben, Strategien zum Aufbau einer zukunftsfähigen Welt. Paderborn, 2. Aufl.
KMK – Empfehlung der ständigen Konferenz der Kultusminister der Länder in der Bundesrepublik Deutschland (KMK) und der Deutschen UNESCO-Kommission (DUK) zur „Bildung für nachhaltige Entwicklung in der Schule" vom 15. 6. 2007, S. 5.
Salzmann, Christian (o.J.): Zum Stellenwert des Außerschulischen Lernens im Osnabrücker Konzept des Regionalen Lernens. [http://www.paedagogik.uni-osnabrueck.de/lehrende/salzmann/nolle/stellenwert.htm; 12.03.2009].
Senatsverwaltung für Bildung, Wissenschaft und Forschung (o.J.), Berlin [http://www.berlin.de/sen/bildung/schulqualitaet/kooperation_mit_ausserschulischen_partnern/index.html; 12.02.2009].

III. Nachhaltiges Wirtschaften erfahren in der Praxis

5. Das Projekt: „Nachhaltiges Wirtschaften erfahren an Grundschulen"

Beatrice von Monschaw

Mit dem Titel „Our Common Future" legte 1987 die Weltkommission für Umwelt und Entwicklung (eine Unterkommission der Vereinten Nationen) einen nach der Vorsitzenden der Kommission, der norwegischen Ministerpräsidentin Gro Harlem Brundtland, bezeichneten Bericht vor. Dieser enthält eine Definition von Nachhaltigkeit, die immer noch konsensfähig ist: „Unter dauerhafter Entwicklung verstehen wir die Entwicklung, die den Bedürfnissen der heutigen Generation entspricht, ohne die Möglichkeiten zukünftiger Generationen zu gefährden, ihre eigenen Bedürfnisse zu befriedigen und ihren Lebensstil zu wählen. (...) Die Möglichkeiten kommender Generationen, ihre eigenen Bedürfnisse zu befriedigen, ist durch Umweltzerstörung ebenso gefährdet wie durch Umweltvernichtung, durch Unterentwicklung in der dritten Welt" (Weltkommission für Umwelt und Entwicklung 1987, S. 15).

Den Kern Nachhaltiger Entwicklung (NE) bilden demnach Fragen nach der Zukunft der Welt und der Gesellschaft, wobei folgende Aspekte grundlegend sind:

- beim wirtschaftlichen Handeln müssen soziale und ökologische Auswirkungen in ihren Interdependenzen berücksichtigt werden (wie im sog. Nachhaltigkeitsdreieck dargestellt (vgl. Dasecke, Klüh & v. Monschaw 2006, S. 4 ff.)),
- Gestaltungskompetenzen sollen vermittelt werden, um am zukünftigen Leben besser aktiv teilnehmen und dieses mitgestalten zu können.

Mit Bildung für Nachhaltige Entwicklung (BNE) sind didaktische Leitlinien formuliert, um in allen Bereichen und Stufen des Bildungssystems Gestaltungskompetenz bei Kindern und Jugendlichen zu fördern (vgl. Hauenschild & Bolscho 2007). Während im *BLK-Programm „21"* (vgl. BLK 1999) Grundschulen unberücksichtigt blieben, wurden sie im Nachfolgeprojekt *Transfer „21"* zur Integration von BNE in den Regelunterricht explizit einbezogen (vgl. www.transfer-21.de). Im Rahmen dieses Programms wurden (allgemeine) Materialien zur Umsetzung von BNE in Grundschulen vom Arbeitskreis Grundschule erstellt (vgl. ebd.).

Obwohl die Ziele von BNE fächerübergreifend und interdisziplinär formuliert sind, lassen sich diese in der Grundschule vor allem im Fach Sachunterricht umsetzen. Das niedersächsische Kerncurriculum legt den Bildungsbeitrag des Sachunterrichts wie folgt fest: Das Fach Sachunterricht leistet „einen wesentlichen Beitrag zu den im Grundsatzerlass formulierten fachübergreifenden Aufgaben" und vermittelt „grundlegendes Wissen für das gegenwärtige und zukünftige Leben der Schülerinnen und Schüler" (vgl. Niedersächsisches Kultusministerium 2006). Der Sachunterricht unterstützt Kinder darin, „sich Sachkenntnisse über die natürliche, technische, politisch, sozial und kulturell gestaltete Welt anzueignen, und befähigt sie, sich ihre Lebenswelt zunehmend selbstständig zu erschließen, sich in ihr zu orientieren und sie mitzugestalten" (ebd.). Dies macht eine enge Verbindung zu den Aufgaben und Zielen von BNE deutlich.

In methodischer Hinsicht sind in der Grundschule besondere Lernarrangements erforderlich (vgl. Hauenschild, Kap. 2 in diesem Band). Insbesondere *Nachhaltige Schülerfirmen* (vgl. Dasecke, Kap. 3 in diesem Band), zu denen es in den Sekundarstufen I und II bereits Erfahrungen gibt, bieten gute Möglichkeiten, die im Kerncurriculum Sachunterricht geforderten Kompetenzen handlungsorientiert und praxisnah zu vermitteln und gleichzeitig BNE zu integrieren.

Ziel des von der Deutschen Bundesstiftung Umwelt (DBU) geförderten Projektes *Nachhaltiges Wirtschaften erfahren an Grundschulen* ist die Entwicklung eines Konzeptes für die Implementierung und unterrichtliche Begleitung von nachhaltigen Schülerläden in der Grundschule.

5.1 Formale und inhaltliche Struktur des Projektes

Angelehnt an das Konzept der nachhaltigen Schülerfirmen in der Sek. I und II sollten ein tragfähiges Konzept für Grundschulen entwickelt, sowie Vorschläge für eine am Leitbild NE orientierte ökonomische Grundbildung mit Kindern erarbeitet werden. Dabei sollten Erfahrungen mit der Einrichtung und der unterrichtlichen Vertiefung nachhaltiger Schülerfirmen für die Grundschulen eingebracht werden. Da sich die Konzepte und Zielsetzungen der Schülerfirmen in der Sek. I und II von dem der Grundschulen unterscheiden, wird im Folgenden für das Konzept in der Sekundarstufe I und II der Begriff der „nachhaltigen Schülerfirmen" und für die Grundschulen der Begriff „nachhaltige Schülerläden" verwendet (vgl. Bolscho, Kap. 1 in diesem Band)

An dem Projekt nahmen sechs Grundschulen aus Niedersachsen teil. Der Projektzeitraum erstreckte sich vom 01.05.2007-30.04.2009.

Niedersachsen bietet mit den als außerschulischen Lernstandorten konzipierten Regionalen Umweltbildungszentren (RUZ) gute Voraussetzungen für die Umsetzung des Projektes. Nachhaltigkeitsnahe Themen sind in vielen RUZen bereits seit Jahren Gegenstand gemeinsamer Praxisprojekte der RUZ-Mitarbeiter mit den kooperierenden Grundschulen. Darüber hinaus verfügen die RUZe über Erfahrungen hinsichtlich der Einbeziehung von externen Kooperationspartnern, die die betreuenden Lehrerinnen und Lehrer in den beteiligten Schulen unterstützen. Nicht zuletzt wurde auf das im Land Niedersachsen flächendeckend zur Verfügung stehende Netz der Multiplikatoren für nachhaltige Schülerfirmen zurückgegriffen, das vom Fachkoordinator für nachhaltige Schülerfirmen im BLK-Programm Transfer „21", Rolf Dasecke, betreut und gelenkt wird.

In Niedersachsen arbeiten zurzeit (Stand: Jan. 2009) 29 RUZe als außerschulische Lernstandorte[10]. Sie bieten den Schulen (von der Primarstufe über Sek. I zu Sek. II) ihrer jeweiligen Region Exkursionen, Seminare und Materialien zur Umwelt- und Nachhaltigkeitsbildung an. Sie können die Schulen unterstützen, wenn es darum geht, das komplexe Thema Nachhaltigkeit im Rahmen eines speziellen Schwerpunktthemas zu vermitteln. Entsprechend der regionalen Bedingungen haben sich an den einzelnen RUZen unterschiedliche Schwerpunktthemen herauskristallisiert.[11]

In Kooperation mit einem RUZ vor Ort sollten die einzelnen Projektgrundschulen nachhaltige Schülerläden gründen, die nicht nur den Bedingungen vor Ort entsprechen, sondern auch didaktisch im Zusammenhang mit den Aufgaben und Zielen des Sachunterrichts zu begründen und unterrichtlich eingebunden sein sollten. Die Lehrkräfte haben, gemeinsam mit den Kindern und in Absprache mit dem beteiligten RUZ, ein Schwerpunktthema ausgewählt, an dem sie die Aspekte Nachhaltiger Entwicklung bearbeiten konnten und aus dessen Bereich sie anschließend Produkte für ihren Schülerladen generieren sollten.

Im Folgenden sollen exemplarisch an acht Themenfeldern die möglichen Anknüpfungspunkte aufgezeigt werden. Dabei werden zunächst mögliche Teilaspekte im Sinne der Nachhaltigkeit (Ökonomie, Ökologie und Soziales) zu jedem Thema aufgezeigt und anschließend zu fünf Themen Anregungen zur Darstellung von Interdependenzen zwischen den Aspekten unterbreitet. Es hat sich gezeigt, dass die Teilaspekte häufig ausführlich diskutiert und bearbeitet werden, sie dabei jedoch unabhängig bzw. getrennt von einander stehen bleiben. Der Schwerpunkt der Betrachtung liegt dabei meist auf den Umweltaspekten. Deshalb soll mit den „Wirkungsdreiecken" (entwickelt von Rolf Dasecke für diesen Beitrag) der Versuch unternommen werden, Interdependenzen zu verdeutlich. Dabei wird ausdrücklich darauf hingewiesen, dass die nachfolgenden Ausführungen keine abschließenden, allumfassenden Darstellungen sind. Aufgrund der Komplexität des Themas sind sie didaktisch reduziert worden und sollen lediglich als Anregung dienen.

Streuobstwiesen

Bei der Betrachtung der nachhaltigen Nutzung von Streuobstwiesen können unter ökonomischen Gesichtspunkten zum Beispiel sowohl die historische Bedeutung der Höfe im Vergleich zur heutigen, als auch die ökonomischen Aspekte von Monokulturen (Abhängigkeit vom Erfolg/Misserfolg der Ernte von einer

---

[10] Siehe: http://www.mk.niedersachsen.de unter der Rubrik „Projekte".
[11] So beschäftigen sich z.B. die RUZe in waldreichen Gegenden oftmals mit dem Thema „Wald" oder die in moorigen Landschaften beheimateten mit dem Thema „Moor". Daneben wird zusätzlich eine Vielzahl weiterer Themen angeboten. Eine Übersicht über die RUZe und deren Aufgabengebiete kann unter www.mk.niedersachsen.de/master/ C24022408_L20_DO_I598_h1.html oder www.cdl.niedersachsen.de/blob/images/C642375 _ L20.pdf eingesehen werden.

Obstsorte, evtl. damit zusammenhängende längere Transportwege zum Endverbraucher) behandelt werden. Unter die sozialen Aspekte fallen z.b. frühere Arbeitsteilungen zwischen den Generationen auf den Höfen im Vergleich zur heutigen Arbeitsorganisation. Zu den ökologischen Aspekten gehören u.a. der Lebensraum der Streuobstwiesen und Artenvielfalt (z.B. alte Obstbaumsorten). Doch schon bei den Themenbereichen „Düngung" (als Kosten- und Umweltfaktor) und auch Artenvielfalt (Einsatz von Arbeitsmitteln bei Hochstamm bzw. niederstämmigen Sorten als ökonomische und soziale Komponente, Anfälligkeit für Schädlinge als ökologischen und ökonomischen Gesichtspunkt) wird deutlich, dass sich nicht immer eine eindeutige Zuordnung zu einem Themenbereich finden lässt, sondern der jeweilige Blickwinkel die Zuordnung terminiert bzw. auch ein Einstieg sein kann, um den Schülerinnen und Schülern deutlich zu machen, dass Interdependenzen zwischen den einzelnen Teilbereichen bestehen.

Die Schülerinnen und Schüler können z.B. für ihren nachhaltigen Schülerladen aus der von ihnen betreuten Streuobstwiese Obst erhalten, Marmeladen und Säfte herstellen und verkaufen oder als Dienstleistung eine Dokumentation über den Lebensraum Streuobstwiese und seine Veränderungen verfassen und diese z.B. Kindergartenkindern vorstellen oder an die Bewohner von Altenheimen verkaufen.

Nachhaltige Streuobstwiesen

Historische, nachhaltige Nutzung von Streuobstwiesen

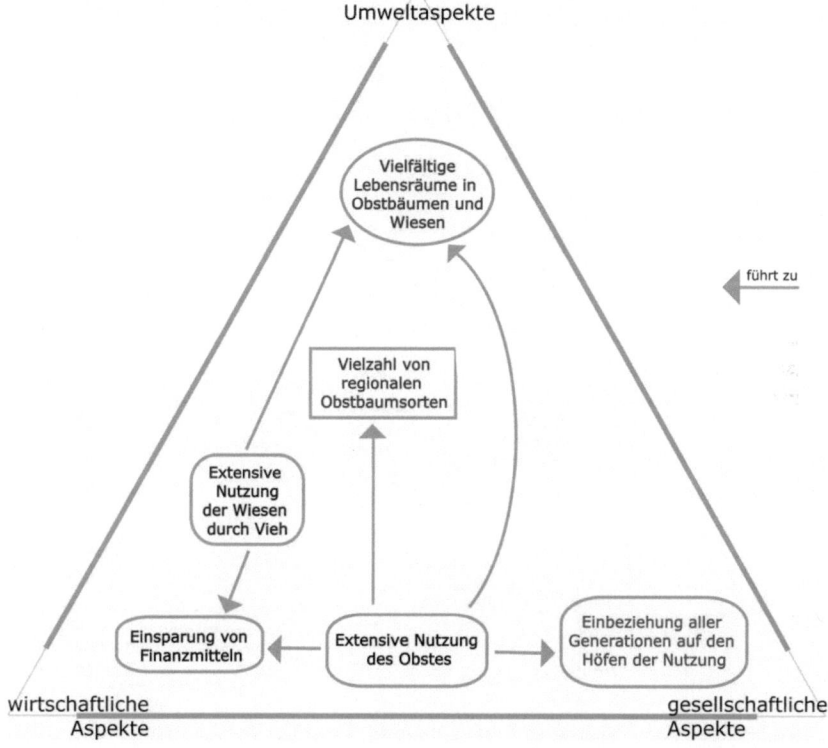

Dabei führte bei einer nachhaltigen Bewirtschaftung (wie sie vornehmlich früher vorkam) die extensive Nutzung von Streuobstwiesen zu einer Einbeziehung aller auf dem Hof lebenden Generationen (gesellschaftlicher Aspekt), gleichzeitig wurden viele regionale Obstbaumsorten gehegt und gepflegt, womit ein vielseitiger Lebensraum für Insekten und Kleinstlebewesen (Artenvielfalt als ökologischer Aspekt) sicher gestellt war. Gleichzeitig konnten Pestizide und Düngemittel reduziert werden (Kostenreduktion als ökonomischer Aspekt), da sich durch die Artenvielfalt der Bäume und der daraus resultierenden Vielzahl an Nützlingen weniger Schädlinge ausbreiten konnten. Oftmals wurden die Weiden, auf denen die Streuobstwiesen standen, von Vieh genutzt (ökologischer und ökonomischer Aspekt), so dass sich der Pflegeaufwand für Schnitt reduzierte und zugleich natürlicher Dünger anfiel (Einsparung von Finanzmitteln für Kunstdünger, Gewässerschonung als ökologischer Aspekt).

Nicht-nachhaltige Streuobstwiesen

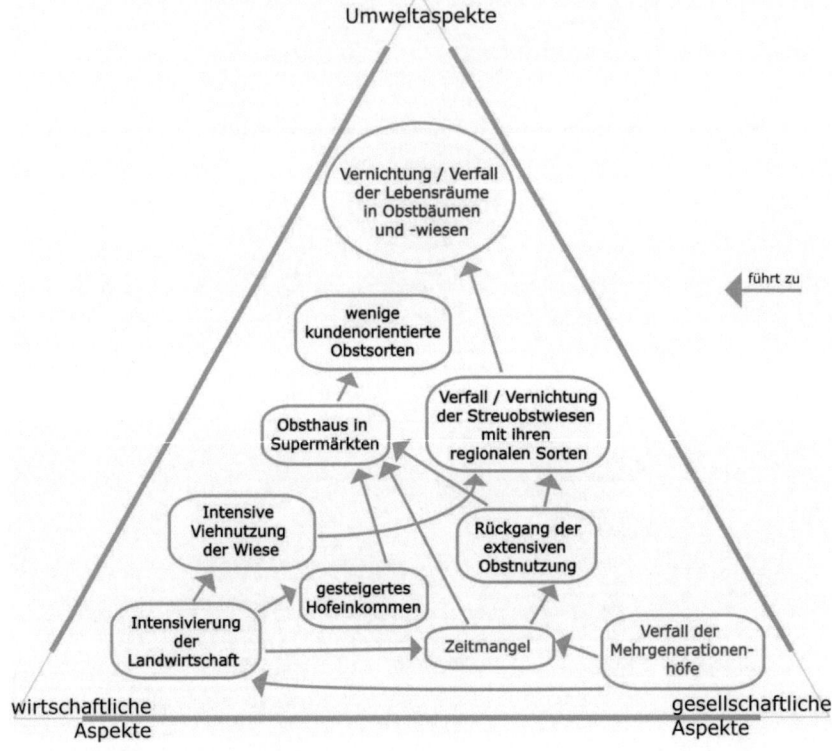

Im Gegensatz dazu führt eine nicht nachhaltige Bewirtschaftung von Streuobstwiesen zu deren zunehmenden Verfall. Geht man von den gesellschaftlichen Veränderungen aus, die einen starken Rückgang der Mehrgenerationenhöfe mit sich brachte, so wird deutlich, dass immer weniger Personen die Arbeit leisten mussten und müssen. Dies und die zunehmende Intensivierung der Landwirtschaft führen zu einem veränderten Hofmanagement. Weiden werden intensiver genutzt und das Hofeinkommen steigt (erst einmal). Aus Zeitmangel kommt es zu einem Rückgang der extensiven Obstnutzung, und da mehr Geld verfügbar ist, wird das Obst zunehmend in Supermärkten gekauft. Die Flächen der ehemaligen Streuobstwiesen werden teilweise in Grünland umgewandelt, um leicht zu pflegende (mit zunehmend größeren Traktoren) Weidefläche für das Vieh zu schaffen. Regionale Obstsorten verschwinden zunehmend aus dem Sortiment von regionalen Anbietern, die nur noch kundenorientierte Obstsorten im Programm führen. Mit dem Rückgang der Flächen der Streuobstwiese geht auch eine Reduzierung des Lebensraums für die in ihnen beheimateten Tiere und Pflanzen einher; das Gleichgewicht gerät aus der Balance.

Waldwirtschaft

Der Wald als Lebens-, Wirtschafts- und Erholungsraum spielt auch in Deutschland immer noch eine große Rolle. Dies lässt sich auch daran ablesen, dass allein 18 der 29 RUZe das Thema „Wald" als Schwerpunktthema bei sich im Programm aufführen[12].

Zur ökonomischen Nutzung gehört sicherlich die Holzverarbeitung (Herstellung von Papier, Weihnachtsbäume, zunehmend auch Biomasse) aber auch die Jagd. Unter den ökologischen Aspekt fallen der Erhalt von Lebensräumen, der pflanzlichen Artenvielfalt und der Tierwelt. Nicht zu vergessen die Bedeutung der Wälder bei der Umwandlung von CO_2 in Sauerstoff (grüne Lunge), die für die Lebensbedingungen auf der Erde unerlässlich ist. Von sozialen Aspekten ausgehend, kann der Wald als Erholungsraum oder als Ort für sportliche Aktivitäten (z.b. Joggen, Wandern, Spazieren gehen, Reiten, Klettern) betrachtet werden. Eine zunehmend wieder in den Blickpunkt rückende Rolle spielt der Wald als Erzeugungsort für Ingredienzien der Volksmedizin (z.b. Birkensäfte, Holundersaft).

Für die Schülerinnen und Schüler bietet sich die Möglichkeit in ihrem nachhaltigen Schülerladen Holzprodukte, Mittel der Volksmedizin oder Lebensmittel (z.B. Marmelade aus Holunder) anzubieten. Sie können aber auch in Form von Dienstleistungen jüngere Kinder in die Aspekte einer nachhaltigen Waldnutzung einführen, indem sie ggf. drei bis vier Module z.B. zu den Tieren im Wald, der Nutzung des Waldes durch den Menschen und Überlebensmöglichkeiten im Wald (welche Pflanzen kann man essen, welche sind giftig usw.) ausarbeiten und präsentieren (s. hierzu auch die Erfahrungen der Grundschule Iprump unter 5.2).

---

[12] Vgl. www.cdl.niedersachsen.de/blob/images/C642375_L20.pdf.

Nachhaltige Waldwirtschaft

Heutige, an Nachhaltigkeit orientierte Waldwirtschaft in Deutschland

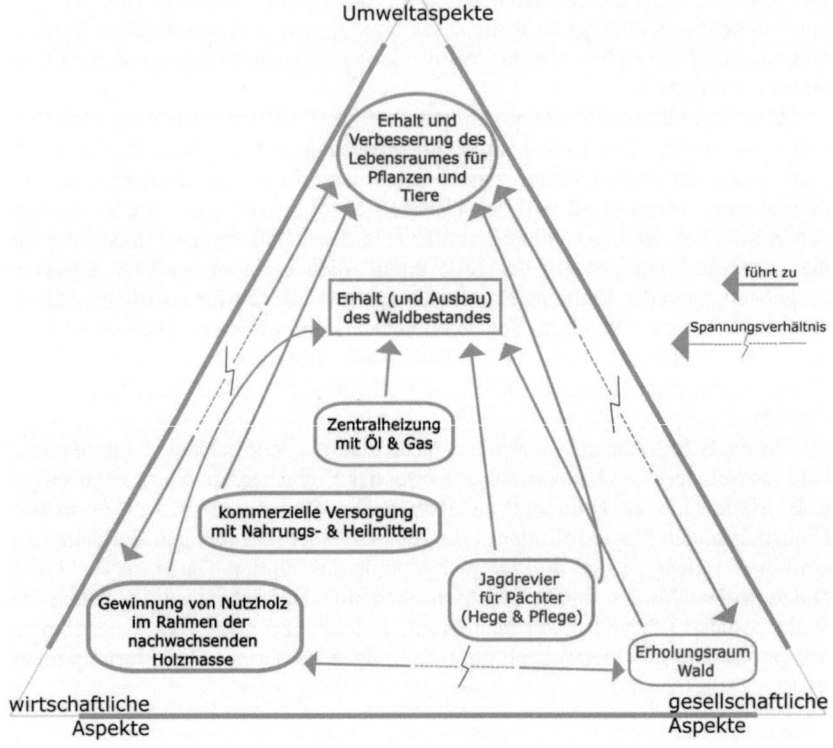

Eine an Nachhaltigkeit orientierte Waldwirtschaft, wie sie heute in Deutschland wieder im Vordergrund steht, berücksichtigt in besonderer Weise ökologische Aspekte, nämlich den Erhalt (und Ausbau) des Waldbestandes. Dabei werden wirtschaftliche Gesichtspunkte, wie in erster Linie die Gewinnung von Nutzholz im Rahmen der nachwachsenden Holzmasse, und gesellschaftliche Notwendigkeiten, wie die Verfügbarkeit von Erholungsraum, nicht aus den Augen verloren. Unbestritten besteht zwischen diesen drei Blickwinkeln ein deutliches Spannungsverhältnis, umso mehr als aus jedem heraus noch weitere Anforderungskriterien zu formulieren sind. So kann der Erhalt des Waldbestandes nur bei sorgfältiger „Hege und Pflege" sichergestellt werden, wozu u. a. der Erhalt und die Verbesserung des Lebensraumes für Pflanzen und Tiere zu zählen sind und was ausschließlich durch eine sinn- und planvolle Bestandspflege (planmäßige Jagd) zu gewährleisten ist.

Auch wirtschaftlich wird die Holzgewinnung in Zeiten steigender Öl- und Gaspreise als nachwachsender Energieträger interessant. Die Bundesregierung fördert mit unterschiedlichen Programmen (z.b. mit einem Programm zur Förderung erneuerbarer Energien) seit einigen Jahren den Einbau von Holzpelletheizanlagen (zugelassen seit 1996[13]). Im privaten Sektor steigt die Nachfrage nach Kaminholz (mit den damit allerdings auch einhergehenden höheren Rußpartikelbelastungen).

Eine Rückbesinnung auf die Natur findet auch im alternativ-medizinischen Bereich mit dem zunehmenden Angebot von Nahrungs- und Heilmitteln (z.b. Birken- und Holundersäfte) statt.

Gerade in diesem Themenbereich wird für die Kinder schnell deutlich, was „Nachhaltigkeit"[14] bedeutet, da bei übermäßiger Ausbeutung der Waldressourcen diese dann nicht mehr zur Verfügung stehen. Dies wird schon deutlich, wenn bei einer übermäßigen Nutzung des Waldes für Freizeit- und Erholungszwecke den natürlichen Waldbewohnern keine Rückzugsmöglichkeiten mehr bleiben, so dass sie aus der Region verschwinden (müssen).

---

[13] TAZ vom 13.10.2005.

[14] Der Begriff Nachhaltigkeit selbst wird auf eine Publikation von Hans Carl v. Carlowitz aus dem Jahr 1713 zurückgeführt, in der er von der „nachhaltigen Nutzung" der Wälder schrieb, ohne aber weiter auszuführen, wie sie zu erreichen sei. Hermann Friedrich von Göchhausen griff den Begriff 1732 auf. In seiner Anweisung zur Taxation und Beschreibung der Forstbestände von 1795 hat Georg Ludwig Hartwig dann ausformuliert, was Nachhaltigkeit bedeutet, auch wenn er den Begriff nicht verwendet. „Nachhaltigkeit" bezeichnet also zunächst die Bewirtschaftungsweise eines Waldes, bei welcher immer nur so viel Holz entnommen wird, wie nachwachsen kann, so dass der Wald nie zur Gänze abgeholzt wird, sondern sich immer wieder regenerieren kann. Aus: www.Agenda 21-treffpunkt.de/info/nachhalt.htm; 04.02.2009.

Nicht-nachhaltige Waldwirtschaft

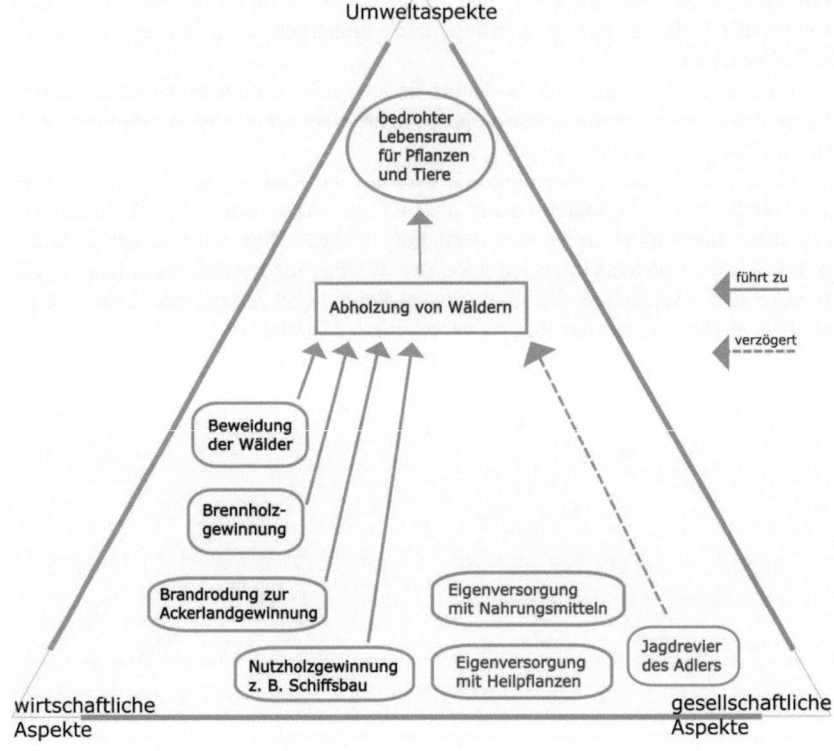

Doch nicht immer wurde auf ein ausgeglichenes Miteinander bei der Waldnutzung geachtet.

Bei einer nicht-nachhaltigen Waldwirtschaft stehen wirtschaftliche Interessen im Vordergrund. Dazu gehören neben der Brennholz- und Nutzholzgewinnung (primär zum Haus- und Schiffsbau) auch die Brandrodung von Waldgebieten, um zusätzliche Flächen in Hofnähe zur Ackerland- oder Weidelandnutzung zu gewinnen. Die rigorose Abholzung von Wäldern (siehe z.B. das Gebiet der Lüneburger Heide) bedroht den Lebensraum vieler Pflanzen und Tiere und verändert das ökologische Gleichgewicht. Dabei ist nicht immer Unkenntnis die treibende Kraft, sondern oftmals geht es für die Bewohner bei diesen Maßnahmen ums reine Überleben. Die Höfe waren winzig und eine Ausweitung der Flächen konnte nur zu Lasten des Waldes geschehen. Auch war es für die Bevölkerung „billiger" sich das Brennholz aus dem Wald zu holen, anstatt sich von dem wenigen Geld was sie hatten, Kohlen statt Nahrung zu kaufen.

So trieben die Bauern ihr Vieh auch in die Wälder, damit sie sich dort Nahrung (Eicheln, Blätter, Rinde) suchen konnten. Wurde die Anzahl des Viehs zu groß, so konnte sich der Wald davon nicht mehr erholen und die einzelnen „Etagen" des Waldes veränderten sich und damit auch der Lebensraum der darin beheimateten Tiere.

Die damaligen Lebensverhältnisse „zwangen" die Einwohner, sich auch aus dem Lebensraum Wald, Nahrung zu nehmen. Stand die freie Jagd als Wilderei unter hoher Strafe und war nur den Adeligen oder Landbesitzern vorbehalten, so konnten die Einwohner nur auf die Pflanzenwelt zurückgreifen, wenn der Hunger zu groß wurde. Die Kenntnisse über die Genießbarkeit und Zubereitung von Lebensmitteln und Heilmitteln aus den Pflanzen des Waldes war weit verbreitet. Der Wald wurde zunehmend zurückgedrängt und die darin beheimatete Tierwelt zog sich zurück.

Wallhecken

Wallhecken waren im Norden Deutschlands weit verbreitet. Reste davon kann man immer noch auf Luftaufnahmen oder alten Karten erkennen. Nachdem die großen Waldflächen abgeholzt worden waren, standen die Menschen vor neuen Problemen. Das Eigentum musste markiert und die Tiere sollten möglichst nur auf ihren eigenen Flächen weiden. Auch Brennholz war schwierig zu beschaffen, nachdem die Wälder verschwunden waren. So dienten die Wallhecken früher sowohl als Grenzmarkierung bzw. Einzäunung und als Windschutz (ökonomische Aspekte) um Bodenerosion vorzubeugen (ökologischer Aspekt) als auch der Brennholzquelle. Zusätzlich boten die Wallhecken mit ihren unterschiedlichen Zonen (Kraut-, Busch- und Baumzone) sowohl der Tierwelt als auch der Pflanzenwelt Lebensraum (ökologische Aspekte). Dabei bildeten die Wallhecken einen ähnlichen Mikrokosmos ab, wie der Waldrand. Aus den in ihnen wachsenden Pflanzen konnten die Menschen nach wie vor die Ingredienzien für ihre Heilsäfte entnehmen und sich an der Tier und Pflanzenwelt erfreuen (soziale Aspekte). Sie sind somit eine Folgeentwicklung einer bestimmten Zeit und Lebensweise in den Regionen und stellen somit eine schützenswerte Kulturlandschaft dar.

Heute stellen die Wallhecken oftmals ein Hindernis für die Landwirtschaft mit ihren immer größeren Traktoren dar. Sie können die Ränder zwischen den Wallhecken und Feldern nicht richtig bearbeiten bzw. kommen mit den großen Maschinen oftmals nicht durch die kleinen Zufahrten auf die kleinen Felder. Die alten Eigentumsgrenzen haben sich durch Landverkäufe verschoben. So sind in den vergangenen 50 Jahren viele Wallhecken verschwunden und erst langsam besinnen sich die Menschen auf ihr Kulturerbe und fangen an, alte Wallhecken wieder herzurichten und regelmäßig zu pflegen.

Ein nachhaltiger Schülerladen kann in diesem Themenbereich Wallheckenstücke pflegen und anderen Menschen die Bedeutung als Lebensraum für die Tiere oder frühere Generationen erklären (so können z.B. Führungen für andere Schulklassen oder Kindergartenkinder ausgearbeitet und angeboten werden) bzw. aus den Wallhecken Pflanzen und Beeren entnommen und daraus Marmeladen, Säfte oder Salben hergestellt werden.

Nachhaltige Wallhecken

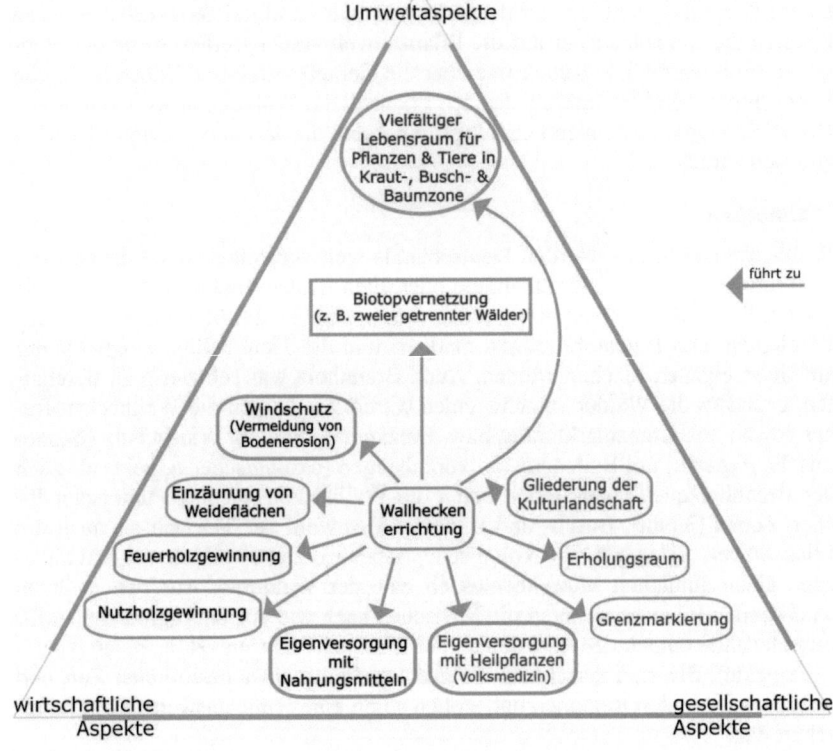

Die historische, nachhaltige Wallheckennutzung verband auf sinnvolle Weise ökologische Aspekte mit wirtschaftlichen Notwendigkeiten und gesellschaftlichen Anforderungen. Mit der Errichtung von Wallhecken wurde auf umweltbewusste Weise vielfältiger Lebensraum für Pflanzen und Tiere in Kraut-, Busch- und Baumzonen geschaffen und getrennte Waldbereiche biotopartig miteinander verbunden. Die wirtschaftlichen Nutzungsmöglichkeiten in Form der Weideflächeneinzäunung, der Nutz- und Feuerholzgewinnung und der die Vermeidung von Bodenerosionen durch den gegebenen Windschutz, die hinter dieser Maßnahme stehen, überzeugen durch ihre Vielfältigkeit und Nützlichkeit. Auch die Vorteile, die die Anlage von Wallhecken für die allgemeine Öffentlichkeit bietet sind augenscheinlich, da mit ihnen nicht nur Grenzen markiert und (Kultur-)

Landschaft gegliedert wurde, sondern auch aus ihnen heraus eine volksmedizinische Grundversorgung mit Heilmitteln gesichert werden konnte.

Nicht-nachhaltige Wallhecken

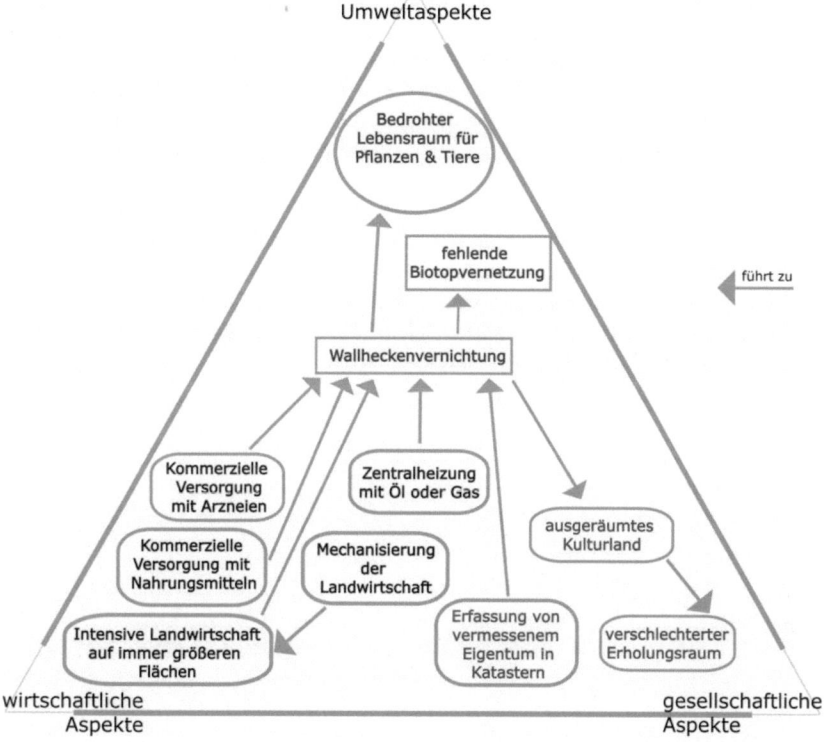

Die aus wirtschaftlichen Aspekten sich entwickelnde kommerzielle Versorgung der Bevölkerung mit Nahrungsmitteln, sowie die intensive Bewirtschaftung zunehmend größerer landwirtschaftlicher Flächen mit hoch mechanisierten Maschinen führten Schritt für Schritt zur Vernichtung der Wallhecken. Durch die intensivere Bewirtschaftung der Flächen brauchen die Landwirte oftmals die Belüftung der Fläche, um Staunässe zu vermeiden. Wallhecken, die den freien Fluss des Windes unterbinden und damit an den Feldrändern feuchte Stellen entstehen lassen, vermehren den Arbeitsaufwand.

Mit dem Rückgang der Wallhecken ging als ökologische Konsequenz die Reduzierung von speziellem Lebensraum für Pflanzen und Tiere, sowie die Zerstörung der Biotopvernetzung einher. Grenzen wurden in Katastern erfasst und durch Grenzsteine markiert. Mit dem Wegfall natürlicher Grenzmarkierungen in Form von Wallhecken wird das Kulturland „ausgeräumt" und möglicher Erholungsraum reduziert.

Der Schulgarten als Bauerngarten

Das Schwerpunktthema „Bauerngarten" kann man thematisch nutzen, um die wirtschaftliche Situation der Bauern und Kleinpächter auf dem Lande früher und heute darzustellen. Entstand der Bauerngarten früher aus einer wirtschaftlichen Notsituation, in der er den Bauern und Kleinpächtern die Möglichkeit bot, sich selber günstig mit den Grundnahrungsmitteln zu versorgen (ökonomische Aspekte), übernimmt er heute überwiegend durch die Ästhetik der Gartenformen eine Erholungsfunktion (sozialer Aspekt). An diesem Thema kann man besonders gut die Bedeutung der Nutz- und Heilpflanzen früher und heute herausarbeiten (ökonomische Aspekte).

Unter den ökologischen Aspekten kann man die Kenntnis und den Schutz heimischer Arten, den Erhalt alter Nutzpflanzen und Möglichkeiten der natürlichen Düngung und des Pflanzenschutzes verstehen.

Viele Grundschulen verfügen heute über einen schuleigenen Garten, in dem die Schülerinnen und Schüler Kräuter, Gemüse und Blumen anpflanzen können, die in dem Schülerladen verkauft werden können.

Nachhaltige historische Bauerngärten

Historische, nachhaltige Bauerngärten

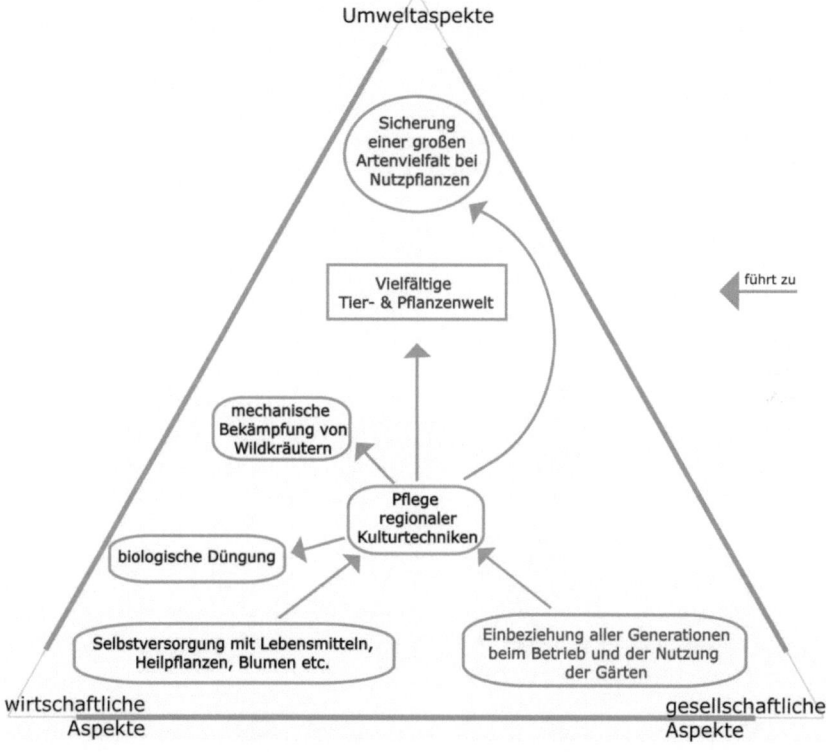

Bauerngärten in ihrer ursprünglichen, historischen Ausprägung bieten eine Reihe nachhaltiger Effekte in ökonomischer, ökologischer und sozialer Hinsicht. Die damit angestrebte Selbstversorgung mit Lebensmitteln, Heilpflanzen und Blumen unter Beschränkung auf biologische Düngungsmittel (für andere waren sowieso keine Finanzmittel vorhanden) und mechanische Bekämpfung von Wildkräutern (wirtschaftlicher Aspekt) erforderte aufgrund des hohen Arbeitsaufwandes im Gegenzug die Einbeziehung aller Generationen in dem Betreiben und Nutzen der Gärten (gesellschaftlicher Aspekt). Vor dem Hintergrund der Pflege regionaler Kulturtechniken war es dennoch möglich eine große Artenvielfalt bei den Nutzpflanzen zu erhalten.

Bauerngärten verschwinden

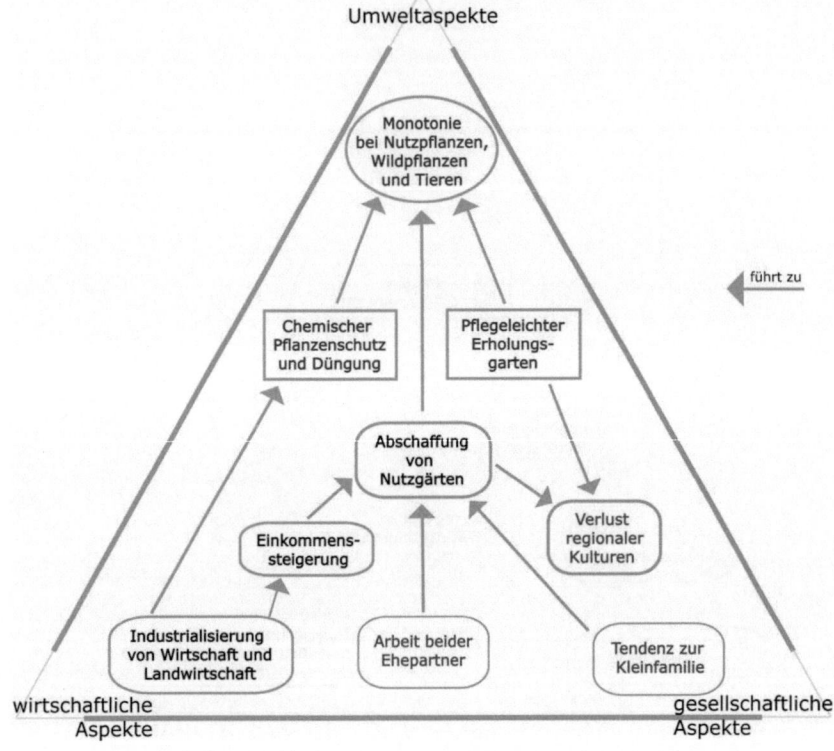

Aus wirtschaftlicher Sicht hat die zunehmende Industrialisierung von Wirtschaft und Landwirtschaft dazu geführt, dass Bauerngärten im Sinne von Nutzgärten schrittweise verdrängt wurden. Die sich immer weiter verbreitende Berufstätigkeit beider Ehepartner führt zu stetig wachsendem Einkommen in den einzelnen Haushalten, womit die Notwendigkeit des eigenen Nutzgartens schwindet. Diese Tendenz wird von der ebenfalls stetig steigenden Tendenz zur Kleinfamilie – gesellschaftlicher Aspekt – verstärkt. Ökologisch betrachtet führt das Streben nach einem Erholungsgarten, der pflegeleicht erst durch den Einsatz chemischer Pflanzenschutz- und Düngemittel wird, zu einer Monotonie bei Nutz- und Wildpflanzen und Tieren.

Gesunde Ernährung/Lebensmittelproduktion

Das Thema „gesunde Ernährung" spielt in der Grundschule von je her eine wichtige Rolle, da die Grundlagen für ein ernährungsbewusstes Leben in frühen

Jahren gelegt werden. So bietet dieser Bereich, die Möglichkeit theoretische und praktische Erfahrungen regelmäßig in handlungsorientiertes Lernen umzusetzen. Unterrichtlich können an diesem Thema unter ökonomischen und ökologischen Aspekten biologische mit konventioneller Landwirtschaft (bei der Acker- und Viehwirtschaft) verglichen (Flächenbedarf, Düngung mit den Auswirkungen auf die Artenvielfalt und Bodenqualität, Pflanzenschutz) und/oder fairer Handel dem der globalisierten Wirtschaft gegenübergestellt werden. Aspekte der Transparenz durch regionale Vermarktung (z.b. in Hofläden), wie sie auch in anderen Projekten (z.b. EU-Projekt „Transparenz schaffen – von der Ladentheke zum Erzeuger") umgesetzt werden, bieten die Möglichkeit auch soziale Aspekte, wie die Sicherung der regionalen Arbeitsplätze in der bäuerlichen Landwirtschaft, die seit Jahren zu beobachtende Landflucht und Vergreisung der Dörfer anzusprechen. Die Kleinbauern betreiben ihren Hof zunehmend als Nebengewerbe, da die Fläche zur Sicherung des Einkommens nicht ausreicht, bzw. verkaufen an größere Betriebe.

Der Zusammenhang zwischen gesunder Ernährung und Gesundheit kann als weiterer gesellschaftlicher/sozialer Aspekt thematisiert werden. Die Kinder lernen handlungsorientiert, nach welchen Kriterien gesunde von ungesunden Lebensmitteln unterschieden werden.

Als Betreiber eines nachhaltigen Schülerladens können die Kinder einen Schulkiosk mit gesunden Lebensmitteln oder eine gesunde Pausenversorgung anbieten[15] (s. hierzu auch die Erfahrungen der Grundschule Veenhusen unter 5.2).

---

[15] Schülergerechte Materialien sind vom Schubz Lüneburg erschienen (vgl. Corleis 2009).

Nachhaltige Nahrungsmittelproduktion/Landwirtschaft

Historische Nahrungsmittelproduktion auf eher nachhaltiger Basis

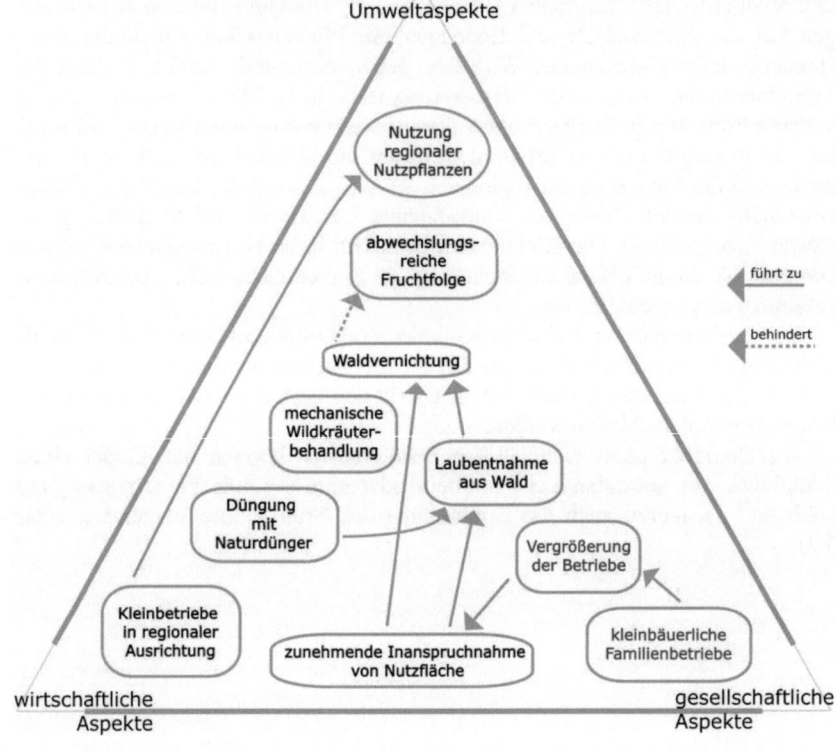

Die historisch geführten, bäuerlichen Kleinbetriebe konzentrierten sich in ihrer natürlichen, regionalen Ausrichtung auf die Nutzung regionaler Nutzpflanzen. Dabei garantierten die Düngung mit Naturdünger (z.B. mit Laub aus den nahe gelegenen Wäldern oder mit Kuhmist) und eine mechanische Wildkräuterbehandlung eine abwechslungsreiche Fruchtfolge auf den Feldern.

Der hohe Arbeitsaufwand wurde von kleinbäuerlichen Familienbetrieben erbracht, wobei auf ein Gleichgewicht der Natur geachtet wurde, um eine möglichst lange Nutzungsmöglichkeit der Äcker zu gewährleisten (womit eine zweckmäßige Verknüpfung zwischen wirtschaftlichen, ökologischen und sozialen Aspekten im Sinne der Nachhaltigkeit erreicht war). Da nur wenige (kleine) Maschinen eingesetzt werden konnten (oft auch aus finanzielle Gründen), stellte die Arbeitskraft die natürliche Begrenzung des Wachstums der Betriebe dar.

Allerdings führte die zunehmende Industrialisierung der Landwirtschaft zu einer Ausweitung der Nutzflächen und damit zur vermehrten Waldvernichtung. Die Landschaft wird zunehmend einseitig zergliedert.

Nicht-nachhaltige Nahrungsmittelproduktion/Landwirtschaft

Heutige, nicht nachhaltige Nahrungsmittelproduktion & Landwirtschaft

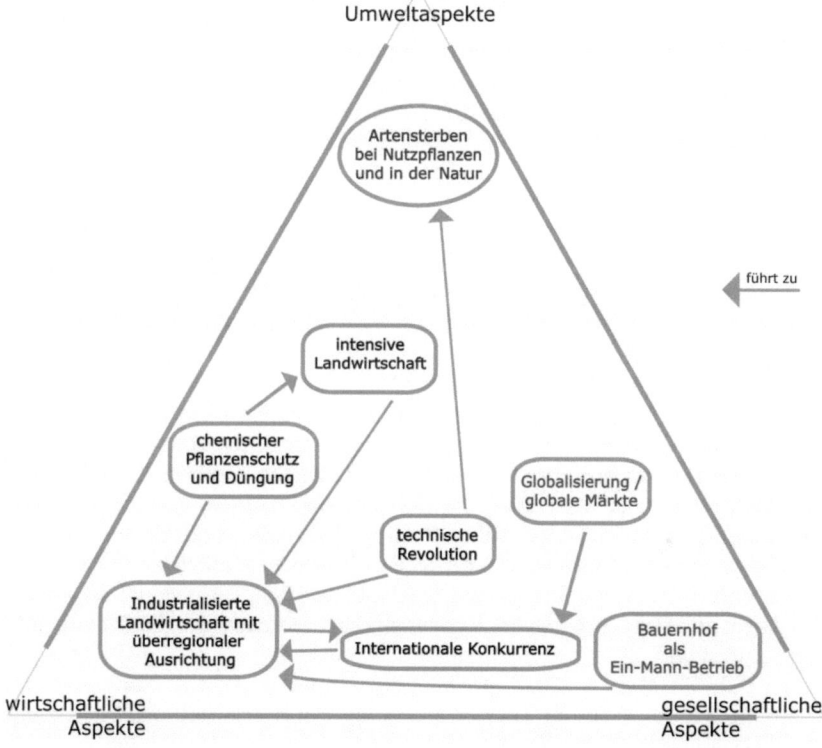

Mit der Globalisierung der Märkte steigt für die Nahrungsmittelproduktion und damit für die Landwirtschaft die Konkurrenz auf internationaler Ebene. Aus dem kleinbäuerlichen Familienbetrieb entwickelt sich unter dem Einfluss enormer technischer Entwicklungen ein Ein-Mann-Großbauernhof. Landwirtschaftliche Betriebe werden gezwungen sich überregional auszurichten, zu spezialisieren und in jeder Weise effizienter zu werden. Der Einsatz chemischer Pflanzen- und Düngemittel und die intensive, einseitige Bodennutzung führen zu einem drastischen Artensterben bei Nutzpflanzen und Kleinstlebewesen. Das ehemals vernünftige – im Sinne der Nachhaltigkeit – Bezugsdreieck zwischen wirtschaftlichem Nutzen, gesellschaftlichen Gegebenheiten und ökologischen Notwendigkeiten wird zerstört.

Eine Welt

Wählt eine Schule den Themenbereich „Eine Welt" als Schwerpunkt ihres Einstiegs zum Thema Nachhaltigkeit aus, so können unter den ökonomischen Aspekten fairer Handel dem der globalisierten Wirtschaft gegenüber gestellt werden. Dabei bieten die Arbeits- und Lebensbedingungen (insbesondere die der Kinder) in der sog. 3. Welt als ökonomische bzw. soziale Aspekte einen guten und anschaulichen Anknüpfungspunkt, um zu überlegen, wie Preise und Werte entstehen. Als soziale Gesichtspunkte können z.b. des Weiteren Arbeitsschutz bzw. die durch die Verarmung der ländlichen Bevölkerung hervorgerufene Landflucht angesprochen werden. Auch in Deutschland ist die Anzahl der landwirtschaftlichen Kleinbetriebe seit Jahren abnehmend. Die niedrigen Preise der Waren aus den Entwicklungsländern werden oftmals durch geringe Arbeitsschutzmaßnahmen (sozialer Aspekt) und einer erhöhten Schadstoffbelastung und einer Zerstörung von Lebensräumen (ökologische Aspekte) „erkauft".

In einem nachhaltigen Schülerladen können die Kinder fair gehandelte Produkte anbieten bzw. mit dem örtlichen Ein-Welt-Laden kooperieren.

Abfallvermeidung durch Langlebigkeit

Abfall ist ein immer größer werdendes gesellschaftliches Problem. Lohnte es sich bis Mitte der 90iger Jahre noch viele Gegenstände reparieren zu lassen, so ist es heute vielfach billiger, ein Produkt neu zu kaufen. Einige Produkte lassen sich auch nicht mehr reparieren (die Gehäuse sind nicht verschraubt, sondern verschweißt, so dass man sie nicht öffnen kann). Auch in der Schule sind die Auswirkungen der zunehmenden Kommerzialisierung deutlich zu spüren. Getränkeverpackungen und Snacks sind zunehmend in Wegwerfmaterial verpackt. Der Trend zu Markenartikeln bei Kleidung führt auch unter den Kindern zu größeren Zwängen.

Im Rahmen eines nachhaltigen Schülerladenprojektes kann man unter den ökonomischen Aspekten die Themen Sicherung von Ressourcen und Einsparung von Entsorgungskosten, die der Umsatzsteigerung der Unternehmen durch Modetrends entgegenstehen, ansprechen.

Unter den sozialen Gesichtspunkten kann man über Werte im Allgemeinen diskutieren (Wie werden sie gebildet? Warum sind uns bestimmte Sachen mehr „wert"? Welche Rolle spielt dabei meine Bezugsgruppe? Wovon hängt es ab, ob ich etwas gut finde?). Sollten die Marketingstrategien der Unternehmen von den Kindern durchschaut werden, so kann das zu einer Reduzierung des Markenzwanges bei Kindern und einer Entlastung der sozial Schwachen führen. Für die Umwelt führt die Verlängerung der Produktlebensdauer zur Ressourcenschonung, Abfallvermeidung, Energieeinsparung und auch einer geringeren Emissionsbelastung.

Nachhaltige Schülerläden können in der Schule einen Schulflohmarkt organisieren und damit zur Wieder- und Weiterverwendung von Produkten anregen, oder einen Secondhand-Laden für Kinderbekleidung, Schulbücher oder Spielzeug einrichten.

Umweltfreundliche Schulmaterialien

Schulmaterialien begegnen den Schülerinnen und Schülern in ihrem Alltag vom ersten Schultag an. Anhand dieses für sie praktischen Bereichs können sie einen Kostenvergleich verschiedener Hersteller und Materialien durchführen und sich über den Ressourcenverbrauch Gedanken machen (ökonomische Aspekte). Auch Überlegungen, was mit dem Produkt am Ende der Nutzungsdauer geschieht (Entsorgungswege), sind sowohl unter ökonomischen als auch ökologischen Gesichtspunkten anstellbar. Langlebige, wieder auffüllbare Materialien führen qualitativ und quantitativ zu Materialeinsparungen und Abfallreduzierung (ökologische Aspekte).

An dem Thema kann man besonders gut die Bedeutung der Kosten der Schulmaterialien für verschiedene Schichten darstellen und eine allgemeine Wertediskussion beginnen.

Aufgrund ihrer Erkenntnisse könnten die Schülerinnen und Schüler in ihrem nachhaltigen Schülerladen eine Auswahl von umweltfreundlichen Schulmaterialien anbieten.

Es zeigt sich an diesen Themenbeispielen, dass es auch an der Grundschule zahlreiche Anknüpfungspunkte für das Erfahren von nachhaltigem Wirtschaften in Schülerläden und in Unterrichtsprojekten gibt.

5.2 Entwicklung der Schülerläden

Im ersten Schritt waren bei der Entwicklung der Schülerladenideen die Situation an der Schule (Größe, Einzugsgebiet, räumliche und zeitliche Möglichkeiten innerhalb der Schule), aber auch die der betreuenden Lehrkräfte (Erfahrungen mit dem Thema BNE, Anzahl der Stunden in der Klasse, Jahrgang der teilnehmenden Klasse) zu berücksichtigen. Darüber hinaus mussten die thematischen Schwerpunkte der RUZe bei der inhaltlichen Orientierung der Schülerläden einbezogen werden.

An dem Projekt haben sich folgenden Schulen (in alphabetischer Reihenfolge) und kooperierende RUZe beteiligt:

Beteiligte Schulen und Rahmenbedingungen

	Anne Frank Schule Lüneburg	GS Diemarden	GS Hogenkamp	GS Hoheellern	GS Iprump	GS Veenhusen
Ort	Lüneburg	bei Göttingen	Oldenburg	Leer	Delmenhorst	bei Leer
Umfeld	städtisch, 70% der Sch. sind zweisprachig	ländlich	vorstädtisch	städtisch	vorstädtisch	dörflich
Größe der Schule	4-zügig	1-2-zügig	2-zügig	3-zügig	2-zügig	2-zügig
Betreuende Lehrkräfte	Frau Allmers, Frau Pospiech	Frau Essert, Frau Schmale	Frau Knolle	Frau Buurman	Frau Harms-Dasecke, Frau Bruns	Frau Mannes, Herr Lammers
Teiln. Gruppen (1. Jahr)	2a, 2b	schul-übergreif. 113 Kinder	AG (8 Kinder)	AG (24 Kinder)	3a, 3b	3, 4 (+ Eltern)
Teiln. Gruppen (2. Jahr)	2 AGs, 24 Kinder, 3. Klasse i. verpfl. Nachmittagsunter.	AG + schulübergreifend (111 Kinder)	AG (8 Kinder)	AG (14 Kinder)	4a, 4b + AG (23 Kinder)	3, 4 (+ Eltern)
Jahrgangsübergr.	nein	ja	ja	ja	ja	ja
Thema	Ges. Ernährung	Streuobst	Recycling	Wallhecke	Wald	Ges. Ernährung
Schülerfirma	„Bunte Tüte"	„Kiek moal rin un kööpe in!"	„Ole Pannen"	„Wallheckenzauber"	„Schülerladen"	„Leckerbeckje"
Betreuendes RUZ	Schubz Lüneburg	RUZ Reinhausen, KUGL	RUZ Oldenburg	WUZ Leer	RUZ Hollen	Ökowerk Emden
Elternbeteiligung	teilweise	teilweise	ja (ein Elternteil)	teilweise	nein	regelmäßig
Vorkenntnisse BNE	nein	ja	ja	ja	teilweise	ja
Externe Kooperation	nein	nein	ja	nein	ja	ja
Internet-Adr.	nein	nein	nein	nein	www.grundschule-iprump.de	nein

Die Schulen wählten sehr unterschiedliche Wege der Herangehensweise an die Konzeptentwicklung: Die Einen begannen mit einer thematischen Einführung zum Schülerladenthema, in dem sie Fachwissen aufbauten und erste Exkursionen unter Anleitung der betreuenden RUZe machten (z.B. Anne-Frank-Schule, GS Iprump, GS Hogenkamp, GS Veenhusen), andere wiederum begannen zunächst mit der Produktion, um die Kinder über den Verkauf zu motivieren, sich mit auftretenden Problemen auseinanderzusetzen und um die Neugier am Thema Nachhaltigkeit zu wecken (GS Diemarden, GS Hoheellern).

Exemplarisch werden zwei Fallbeispiele für das Vorgehen vorgestellt[16]:

Grundschule Iprump:

An der Grundschule Iprump in Delmenhorst beteiligten sich im 1. Projektjahr zwei Klassenlehrerinnen mit ihren jeweiligen 3. Klassen. Im 2. Projektjahr befanden sich die Schülerinnen und Schüler in der 4. Klasse und es wurde begleitend eine jahrgangsübergreifende Arbeitsgemeinschaft mit 23 Schülerinnen und Schülern zur Unterstützung der Produktion eingerichtet. Neben den Fächern Sachunterricht unterrichten beide Lehrkräfte auch Deutsch, Kunst und Werken in der Klasse, so dass ein fächerübergreifendes Arbeiten möglich ist.

Bereits zum Ende des 2. Schuljahres nutzten die Lehrkräfte einen Aufenthalt im Schullandheim, um eine erste Exkursion in den Urwald Hasbruch (zum Thema: Wald im Sommer) unter Anleitung des betreuenden Lehrers vom RUZ Hollen durchzuführen. Schwerpunkte waren hier Artenkenntnis und Mono- bzw. Mischkulturen (ökologische Ausrichtung). Im Anschluss wurde zu Beginn des 3. Schuljahres in einer Lernwerkstatt das Thema „Wald" und seine Bewohner vertieft. Eine weitere Exkursion im Rahmen einer Klassenfahrt im Herbst unter Anleitung des betreuenden Lehrers des RUZ Hollen zeigte u.a. die Arbeit des Forstbeamten (Wirtschaftliche Nutzung des Waldes, Wald im Herbst). Die Schülerinnen und Schüler nutzten den Aufenthalt, um Materialien (Rohstoffe) zu sammeln, aus denen die ersten Produkte erstellt werden konnten. Sie produzierten anschließend in der Schule Schlüsselanhänger aus Holzresten, Kerzenständer und Dekorationsartikel für Weihnachten.

An der GS Iprump wird freitags immer ein sog. „Forum" in der 5. Stunde abgehalten, zu dem neben allen Schülerinnen und Schülern der Schule viele Eltern und Verwandte (ca. 20-40 Personen) und Lehrkräfte zur Vorstellung der Lernergebnisse kommen. Das Forum wird von den einzelnen Klassen dazu genutzt, den Anderen zu zeigen, was in der Woche in jeder einzelnen Klasse erarbeitet wurde. Moderiert wird das Forum jeweils von zwei Schülerinnen und Schülern einer Klasse.

Der Schülerladen nutzt die Zeit vor während und nach dem Forum, um seine Produkte anzubieten bzw. seine Arbeit in dem Projekt vorzustellen. Zu Beginn

---

[16] Beide Schülerläden werden auf DVD dokumentiert. Informationen zu dieser DVD sind erhältlich bei Beatrice von Monschaw, beatrice@vonmonschaw.de.

des Projektes wurde ein kleiner Stand mit einer Glastheke in der Aula aufgebaut, in der die Produkte und dazugehörigen Preise ausgestellt waren. Rechtzeitig zum Weihnachtsgeschäft 2008 ist der Schülerladen in eine eigene abschließbare Hütte umgezogen, die in der Aula aufgestellt wurde. Die Schülerinnen und Schüler können so ihre Produkte immer dort belassen und müssen den Stand nicht jede Woche wieder aufbauen. Ein Plakat hinter der Theke informiert kurz über das Projekt „Schülerladen".

Die Schülerinnen und Schüler müssen sich zunehmend u.a. mit „Beschaffung der Materialien" (Herkunft der Produkte), „Produktauswahl", „Produktionseffizienz", „Buchführung", „Preiskalkulation", „Teambildung", „Zuverlässigkeit" (bei der Übernahme von Aufgaben), „Pünktlichkeit" und „Präsentation" auseinander setzen.

Der regelmäßige Verkauf ihrer Produkte und die rege Nachfrage veranlasste die Schülerinnen und Schüler dazu, sich Unterstützungsstrukturen für die Produktion zu suchen. Der regelmäßige zeitliche Aufwand für die Produktion verringerte die Zeit für den fachlichen Input, der während der Unterrichtsstunden noch geleistet werden musste. Es kam zu einer Kooperation mit der Schule für Lernhilfe am Habbrügger Weg in Ganderkesee. Dort wird bereits seit 1999 eine Schülerfirma mit dem Namen „Pupils GmBh" (GmBh = Ghana mit Bäumen helfen) u.a. in dem Bereich Holz betrieben. So produzierten die Schülerinnen und Schüler der „Pupils GmBh" für die Grundschüler Bausätze für Nistkästen und zeigten ihnen in einem Workshop, wie diese zusammengebaut werden. Unterrichtlich begleitet wurde das mit einer Vertiefung des Themas „Vögel im Wald". Ein Falkner kam in die Schule und brachte diverse Greifvögel mit, die im Rahmen des Forums auch den anderen Schülerinnen und Schülern mit Erläuterungen zu den jeweiligen Lebensbedingungen gezeigt wurden.

Konnte im dritten Schuljahr noch viel Zeit in das Projekt gesteckt werden, so zeichnete es sich bereits zum Schuljahresende 2007/08 ab, dass im folgenden kurzen Schuljahr 2008/09 (die Mitarbeiterinnen und Mitarbeiter des Schülerladens befanden sich dann im 4. Jahrgang) weitere Unterstützungsstrukturen gefunden werden mussten, um eine regelmäßige Produktion und damit einen Verkauf zu gewährleisten. Neben den Leistungsbewertungen stehen auch die Schullaufbahnempfehlungen und Vergleichsarbeiten an. Zusätzlich müssen die 4. Klassen auf die Fahrradprüfung vorbereitet werden.

Aus diesen Gründen wurde zu Beginn des Schuljahres 2008/09 eine Arbeitsgemeinschaft „AG Schülerladen" mit 23 Schülerinnen und Schülern für die 3. und 4. Klassen eingerichtet. Die Schülerinnen und Schüler aus den Projektklassen können ihr Wissen als „Experten" an die „neuen" Mitarbeiterinnen und Mitarbeiter weitergeben und sie in die Arbeit und Hintergründe des Projektes einweisen. Schüler lernen dabei von Schülern. Die „alten" Mitarbeiterinnen und Mitarbeiter müssen ihr Wissen noch einmal reproduzieren und lernen dabei am meisten.

Grundschule Veenhusen:

An der Grundschule Veenhusen sind dauerhaft je eine 3. und eine 4. Klasse an dem Projekt „nachhaltiger Schülerladen - Leckerbeckje" beteiligt. In der 3. Klasse stehen die Themen „gesunde Ernährung", „Regionalität" und „Saisonalität" im Mittelpunkt, und die Schülerinnen und Schüler erarbeiten die Vor- und Nachteile von konventioneller und biologischer Herstellung und Landwirtschaft (mit Exkursionen und Unterstützung des Ökowerks Emden als betreuendes RUZ) und setzen sich mit Hygienevorschriften bei der Verarbeitung von Lebensmitteln und verschiedenen Herstellungsverfahren (z.B. von Marmelade) und den Rezepten auseinander. Die Schülerinnen und Schüler der 4. Klasse sind für den „eigentlichen" Schülerladen verantwortlich.

Alle 14 Tage wird jeweils am Donnerstag ein gesundes Pausenfrühstück im Eingangsbereich angeboten. Dafür stellen die Schülerinnen und Schüler saisonal unterschiedliche Produkte zusammen, die sie dann als Angebote mit den entsprechenden Preisen zu Beginn der „Schülerladenwoche" in den einzelnen Klassen verteilen. Die Schülerinnen und Schüler der anderen Klassen bestellen verbindlich für den drauffolgenden Donnerstag und können auch schon ausrechnen, was sie ihre Wahl kosten wird (damit sie dann am Donnerstag auch genügend Geld mitbringen, um die Waren zu bezahlen). Auf der Grundlage dieser Bestelllisten wird der Einkaufsbedarf von den Schülerladenbetreibern der 4. Klasse ermittelt. Jeweils drei Kinder bilden eine Gruppe, die am Mittwochnachmittag die Lebensmittel einkauft. Zu diesem Zweck bekommen die Einkäufer Geld aus der Schülerladenkasse. Der Schülerladen hat mit dem örtlichen Bioladen eine (von den Schülerinnen und Schüler verhandelte, allerdings im Unterricht vorbereitete) Vereinbarung getroffen, dass sie zu guten Konditionen dort einkaufen können. Kritisch werden die Waren auf qualitative Merkmale untersucht und verschiedene Obstsorten probiert. Die Listen der Bestellungen werden von den Schülerinnen und Schülern für die Produktionsabteilung am Donnerstagmorgen in die Küche gelegt.

Auch hier wird deutlich, dass die Kinder des Schülerladens die regelmäßige Produktion (alle 14 Tage) nicht während des Unterrichts leisten können. So hat man beschlossen, die Produktion an eine Gruppe von Freiwilligen (in diesem Fall 6-8 Mütter aus den 3. bzw. 4. Klassen) abzugeben.

Es zahlt sich aus, dass durch die gute Integration des Projektes in die Schule und frühzeitige Einbindung des Kollegiums, des Hausmeisters, des Fördervereins und besonders der Eltern eine Gemeinschaft entstanden ist, in der die klassischen Grenzen zwischen Schule und Freizeit verschwinden.

Die Mütter bereiten die Speisen während der 1. und 2. Stunde zu. Kurz vor Beginn der Pause holen die Schülerladenkinder die Waren ab und bauen sie im Eingangsbereich auf. Die Kinder der anderen Klassen kommen nun nacheinander an den Stand und kaufen die bestellten Produkte. Der Stand wird abgebaut und die Teller und Schüsseln „versorgt". Die Schülerinnen und Schüler machen

die Abrechnung. Eine Dreiergruppe bringt am Freitagnachmittag das Geld zur Bank und zahlt es auf das Schülerladenkonto ein.
Der Schülerladen Leckerbeckje hat auch eine Kooperation mit der Schülerfirma eines Emder Gymnasiums. Die älteren Schüler unterstützen die Grundschüler bei der Gestaltung der Werbeplakate.

5.3 Zusammenfassung

Ein nachhaltiger Schülerladen setzt die Herstellung von Produkten oder das Angebot einer Dienstleistung voraus. Im Laufe des Projektes hat sich gezeigt, dass besonders die regelmäßige Produktion nicht während des Regelunterrichts Sachunterricht stattfinden kann, zumal rein manuelle Tätigkeiten (z.B. „Brötchenschmieren") im Sinne der Erreichung der vorgegebenen Lernziele des Unterrichts langfristig nicht zu begründen sind. So haben fast alle Schulen im 2. Projektjahr eine jahrgangsübergreifende Arbeitsgemeinschaft (AG) eingerichtet, in der meistens die Hauptarbeit der Produktion ausgelagert wurde.

Die Schulen erreichen damit noch einen weiteren Effekt: Auch Schülerinnen und Schüler von anderen Klassen können sich mit dem Gedanken des Schülerladens vertraut machen. Das Wissen der „erfahrenen" Mitarbeiterinnen und Mitarbeiter kann an die „Neuen" weitergegeben werden und die betreuenden Lehrkräfte müssen nicht immer ganz von vorne anfangen, das Prinzip des Schülerladens zu erklären. Nachteilig ist jedoch, dass die Arbeitsgemeinschaften an Ganztagsschulen mehrheitlich nachmittags stattfinden und von den Kindern eher als Freizeitaktivitäten (dies gilt auch für die Arbeitsgemeinschaften an den verlässlichen Grundschulen) wahrgenommen werden. Auch sind die Kinder schon zu erschöpft, um sich mit schwierigen inhaltlichen Themen (wie z.B. Einnahmen-Ausgaben-Rechnung, Plakaterstellung) mit entsprechender theoretischer Einweisung zu beschäftigen.

Deshalb ist die unterrichtliche Einbindung wichtig, damit der Schülerladen nicht zu einer reinen Produktions- und Verkaufsstätte wird, sondern auch genügend Zeit für die inhaltliche Vertiefung aller Themenfelder, die in einem nachhaltigen Schülerladen anfallen, zur Verfügung steht. Insbesondere die für den Schülerladen relevanten betriebswirtschaftlichen (z.B. Bedarfsermittlung, Einkauf, Werbung, Buchführung usw.), ökologischen (z.B. Ressourcenschonung) und sozialen (z.B. Gestaltungskompetenzen) Aspekte und deren Vernetzung im Sinne der Nachhaltigkeit sollten nicht zu Gunsten von reiner betriebswirtschaftlicher Produktion und Verkauf vernachlässigt werden.

Unterstützung bei der Produktion durch die Einrichtung einer dazugehörigen Arbeitsgemeinschaft zu organisieren oder externe Personen einzubinden ist hier ein guter Weg.

Die Methode „Nachhaltiger Schülerladen" eignet sich gut, um die Handlungsfelder der Gestaltungskompetenzen praxisorientiert zu üben. Insgesamt hat es sich als förderlich herausgestellt, wenn sich die Kinder mit allen Aufgaben und möglichst regelmäßig mit und in dem Schülerladen beschäftigen. Damit können überfachliche Kompetenzen wie Sicherheit im Umgang mit anderen und Fremden, Selbstsicherheit, Ideen finden und strukturieren, Arbeitsabläufe organisieren, vorausschauend denken gestärkt werden. Das handlungsorientierte Arbeiten im Nachhaltigen Schülerladen steigert die Motivation, sich mit Problemen auseinanderzusetzen und im Team zusammenzuarbeiten. Die Schülerinnen und Schüler unterstützen sich gegenseitig und erkennen und akzeptieren die unterschiedlichen Fähigkeiten der Einzelnen.

Die verschiedenen Dimensionen der Nachhaltigkeit (Ökonomie, Ökologie und Soziales) können sie in ihrem Themenfeld benennen und auch Wechselwirkungen erklären. Allerdings wird auch deutlich, dass der Transfer dieses vernetzten Denkens auf themenfremde Felder von den Grundschülern in der Regel noch nicht geleistet werden kann.

5.4 Literatur

BLK – Bund-Länder-Kommission für Bildungsplanung und Forschungsförderung (1999): Bildung für eine nachhaltige Entwicklung – Gutachten zum Programm von Gerhard de Haan und Dorothee Harenberg, Freie Universität Berlin. Materialien zur Bildungsplanung und Forschungsförderung, Heft 72. Bonn.

Corleis, Frank (Hrsg.) (2009): Aktive Schülerfirmen – Chance für eine nachhaltige Schulverpflegung, Kleine Schriften zur Erlebnispädagogik, Bd. 42. Lüneburg.

Dasecke, Rolf; Klüh, Norbert; v. Monschaw, Beatrice (2006): Nachhaltige Schülerfirmen. Leitfaden zur Planung und Durchführung eines Nachhaltigkeitsaudits. BLK-Programm Transfer 21, Niedersachsen.

Hauenschild, Katrin; Bolscho, Dietmar (2007): Bildung für Nachhaltige Entwicklung in der Schule – Ein Studienbuch. Frankfurt/M., 2007, 2. Aufl.

NaSch21: Schülerfirmen im Kontext einer Bildung für Nachhaltigkeit. Projekt der Deutschen Bundesstiftung Umwelt. [www.nasch21.de; 11.03.2009].

Niedersächsisches Kultusministerium (Hrsg.) (2006): Kerncurriculum für die Grundschule. Schuljahrgänge 1-4. Sachunterricht, Hannover.

Niedersächsisches Ministerium für Umwelt und Klimaschutz-Regionale Umweltbildungszentren (2006). [www.mk.niedersachsen.de/master/C24022408_L20_DO_I598_h1.html; 11.03.2009].

Regionale Umweltbildungszentren/Umweltbildungslernstandorte-Niedersachen-2006. [http://cdl.niedersachsen.de/blob/images/C642375_L20.pdf; 11.03.2009].

Weltkommission für Umwelt und Entwicklung (Hrsg.) (1987): Our Common Future, Oxford. www.transfer-21.de; 11.03.2009.

6. Evaluation des Projektes

Volker Lampe

Die Bedeutung und Notwendigkeit lebensweltbezogener ökonomischer Bildung in der Grundschule im Kontext Bildung für Nachhaltige Entwicklung (BNE) wurde bereits eingehend dargelegt (vgl. Hauenschild, Kap. 2 in diesem Band). Nachhaltige Schülerläden bieten hier eine Möglichkeit, BNE praxis- und handlungsorientiert umzusetzen (vgl. Dasecke, Kap. 3 in diesem Band). Hieran knüpft das Projekt *Nachhaltiges Wirtschaften erfahren an Grundschulen* an, in dem nachhaltige Schülerläden an ausgewählten Grundschulen in Niedersachsen implementiert und betrieben wurden (vgl. von Monschaw, Kap. 5 in diesem Band).

Um Aussagen über den Erfolg oder Misserfolg des Projekts *Nachhaltiges Wirtschaften erfahren an Grundschulen* treffen zu können, ist eine empirisch gestützte Evaluation notwendig. Diese fand projektbegleitend an der Universität Hildesheim statt. Aufgrund der Fülle des Datenmaterials ist die Auswertung zum Zeitpunkt der Drucklegung dieser Handreichung noch nicht abgeschlossen (Stand: März 2009). Im Folgenden können aber bereits erste Ergebnistendenzen aus den ersten beiden Datenerhebungen vorgestellt werden. Zum besseren Verständnis erfolgt zunächst eine kurze Einführung in die Fragestellung und das Design der Studie, anschließend werden die Ergebnistendenzen vorgestellt. Den Abschluss dieses Kapitels bilden ein Fazit zu den getroffenen Aussagen sowie ein kurzer Ausblick auf die weitere Forschung innerhalb des Projekts.

6.1 Fragestellung und Design der Studie

Übergeordnetes Ziel des Projekts ist es, Grundschülern an ausgewählten Beispielen Einblicke in nachhaltige ökonomische Prozesse in ihrer globalen Vernetzung mit ökologischen und sozio-kulturellen Fragen zu geben. Hierfür wurde im Projekt ein Konzept zur Implementation und unterrichtlichen Begleitung nachhaltiger Schülerläden in der Grundschule entwickelt. Daraus ergeben sich zwei übergeordnete Fragestellungen:

- Welche Chancen bieten nachhaltige Schülerläden für die Förderung ökonomischer Handlungskompetenz der Schüler in nachhaltigkeitsbezogenen Kontexten?
- Welche Gelingensbedingungen projekt- und handlungsorientierter ökonomischer Bildung sind für nachhaltige Schülerläden in Grundschulen notwendig?

Die Studie wurde an den sechs beteiligten niedersächsischen Projektschulen durchgeführt und umfasst drei Datenerhebungen, die zweite Erhebung wurde nochmals in zwei Teilerhebungen getrennt:

1. Problemzentrierte Interviews mit Kindern (n=40)
2. Begleitforschung
   2.1 Aktionsorientierte Interviews mit Kindern (n=15)
   2.2 Problemzentrierte Interviews mit beteiligten Erwachsenen[17] (n=22)
3. Einzelfallstudie (April 2009)

Die *problemzentrierten Interviews* (vgl. Witzel 2000) der ersten Erhebung hatten zum Ziel, Wissen, Einstellungen und Wahrnehmungen der Grundschülerinnen und Grundschüler zu den Bereichen Ökonomie und BNE festzustellen. Als Instrument der ersten Erhebung diente ein mehrfach getesteter Interviewleitfaden. Es wurden an den Projektschulen 40 Interviews mit Kindern der 3. und 4. Jahrgangsstufe durchgeführt.

Ziel der *Begleitforschung* war es, zum einen die kognitive Durchdringung der Tätigkeiten durch die Schüler und zum anderen die Akzeptanz des nachhaltigen Schülerladens bei den Projektbeteiligten zu erfassen. In besonderem Maße diente dieser Teil der Evaluation dazu, die Gelingensbedingungen für nachhaltige Schülerläden herauszuarbeiten. Die *aktionsorientierten Interviews* gliederten sich nach Hauenschild & Wulfmeyer (2009) in die *prä-aktionale Phase*, die *aktionale Phase* und die *post-aktionale Phase*. Insgesamt wurden an den Projektschulen 15 Schülerinnen und Schüler während ihrer aktiven Tätigkeit im Schülerladen interviewt. Im Bereich der *problemzentrierten Interviews* mit beteiligten Erwachsenen wurden an den Projektschulen insgesamt 22 Projektlehrkräfte, Schulleitungen, Eltern, Mitarbeiter der beteiligten Regionalen Umweltbildungszentren (RUZ) und weitere Lehrkräfte an den Schulen befragt. Auch für diese beiden Erhebungen diente jeweils ein erprobter Interviewleitfaden als Erhebungsinstrument.

Gegen Ende des Projekts schließt eine dritte Datenerhebung in Form einer Einzelfallstudie an. Hier sollen anhand ausgewählter Fälle weitere Zusammenhänge untersucht werden.

6.2 Auswertung der ersten Schülerbefragung – Ergebnistendenzen

Die Ergebnisse zeigen, dass der komplexe Begriff „Wirtschaft" vielen Kindern zwar noch fremd ist oder sie ihn nicht zuordnen können; konkrete Vorstellungen haben sie jedoch bereits zu ökonomischen Prozessen, an denen sie mitunter sogar selbst beteiligt sind, z.B. Einkaufen. Hier können die meisten Kinder Aspekte nennen, auf die beim Einkaufen geachtet werden muss (z.B. Produktqualität, Preis oder Überprüfung des Wechselgeldes). Auch der Vorgang des Einkaufens selbst ist den Kindern bewusst. Diese Ergebnisse verwundern nicht, begleiten doch die meisten Kinder ihre Eltern regelmäßig beim Einkaufen. Etwas anders sieht es bei Preisunterschieden von gleichartigen Produkten aus. Die Vermutun-

---

[17] An dieser Erhebung hat Frau Elisabeth Rieseberg maßgeblich mitgewirkt.

gen der Kinder gehen in verschiedenen Richtungen: Mengen-, Qualitäts-, Marken- und Inhaltsunterschiede. Vielen sind die Hintergründe dafür jedoch unklar. Zum Thema „Werbung" hatten die befragten Kinder recht genaue Vorstellungen. Die meisten konnten verschiedene Werbeträger und Gründe für Werbung nennen, wobei Werbung als Träger von Produkt- und Angebotsinformationen hauptsächlich genannt wird. Einigen Schülern war durchaus bewusst, dass Werbung geschaltet wird, um „mehr zu verkaufen". In diesem Fragenkomplex wurden die Kinder zudem nach menschlichen Bedürfnissen befragt, wobei Primärbedürfnisse wie Essen, Trinken, Schlafen und Unterkunft den Kindern bewusst waren und die meisten Kinder einschätzen konnten, dass viele Dinge aus der Werbung nicht lebensnotwendig sind. Erstaunlich war weiterhin, dass viele Kinder in der Befragung Werbung als störend empfinden.

Einen weiteren Fragenkomplex bildeten Fragen zum Umgang mit alten, nicht mehr benötigten Dingen. Auch hier gab es klare Vorstellungen der Kinder, welche eine ökonomische und soziale Denkweise vermuten lassen. Neben der Entsorgung „alter Sachen" wurden speziell die Weiterverarbeitung, der Verkauf „auf dem Flohmarkt" und Spenden an Bedürftige von den Kindern erwähnt.

Zum Thema Geld gab es ebenfalls schon sehr konkrete Aussagen der Kinder. Vor allem aus den Bereichen ihrer Lebenswelt, wie z.B. Taschengeld und Sparen, konnten sich die Befragten äußern. Die meisten Kinder bekommen Taschengeld. Dieses können einige bereits selbstbestimmt verwenden, die meisten müssen vor Ausgaben aber zumindest die Erziehungsberechtigten informieren bzw. Rücksprache halten. Sparen ist jedem Kind ein Begriff und ebenso die Möglichkeit, ihr Geld bei der Bank zu deponieren und es dort auch wieder abholen zu können. Jedoch existieren zu den Abläufen der Geldaufbewahrung durch die Bank größtenteils „Fehlvorstellungen"[18]. So denken die meisten Kinder, dass ihr Geld in eigens für sie angelegten „Kisten" in der Bank verwahrt wird, auf welchen ihr Name steht, damit die Angestellten der Bank das Geld auch zuordnen können. Ähnlich häufige Fehlvorstellungen gibt es zur Einschätzung, wie eine Wirtschaft ohne Geld funktionieren könnte. Zunächst herrscht die Annahme vor, dass die Menschen in diesem Fall verhungern müssten. Erst durch Nachfragen und kleine Hilfestellungen bzw. längere Überlegungen kommen die Kinder auf die Möglichkeit der Tauschwirtschaft oder der Eigenproduktion. Hingegen ist den Kindern durchaus bewusst, dass man grundsätzlich zum Gelderwerb arbeiten muss.

Zum Fragenkomplex „Supermarkt" wussten die Kinder, dass die angebotenen Waren nicht im Supermarkt hergestellt werden, sondern in „Fabriken" und über verschiedene Transportwege („LKW", „Schiene") den Supermarkt erreichen, und Waren sowie Transport ebenfalls bezahlt werden müssen. Fehlvorstel-

---

[18] Der Begriff „Fehlvorstellungen" wird hier synonym für „Präkonzepte" verwendet und bezieht sich auf Theorien zum „Conceptual Change". Im Rahmen dieser Theorien wird davon ausgegangen, dass sich Alltagsvorstellungen im Lernprozess zu adäquaten, fachlich „richtigen" Konzepten hin entwickeln lassen (vgl. Möller 2007).

lungen gab es jedoch bei den Geldströmen. So war den Schülern zwar klar, dass die Kunden durch die Einkäufe Geld ausgeben und dieses dem Supermarkt zur Verfügung steht, die Verwendung und Aufteilung der Einnahmen ist den Kindern jedoch nicht immer klar.

Die Antworten zu den folgenden Fragenkomplexen „Arbeitslosigkeit" und „Armut/Reichtum" überschnitten sich teilweise, da auf Grund der offenen Fragen zwischen beiden hin und her gewechselt wurde. Die meisten Befragten finden es nicht gerecht, dass es Menschen gibt, die nicht arbeiten; so finden es manche ungerecht, dass einige Menschen „keine Lust" zum Arbeiten haben und ihre eigenen Eltern aber arbeiten müssen. Andere Kinder sehen die Ungerechtigkeit eher darin, dass Arbeitslose „arm sind" und sich nichts zu Essen kaufen können und in der Folge sterben würden. Weitere setzen Arbeitslose ebenfalls mit armen Menschen gleich und sind der Ansicht, dass diese in zerrissener Kleidung betteln müssten und unter Brücken schlafen (so wurde auch häufig Armut beschrieben). Die Gründe für Arbeitslosigkeit scheinen den Kindern oft unklar, so zeigt die Auswertung, dass einige Kinder davon ausgehen, dass man sich Arbeit erst mal „leisten können" muss, da man für seine Arbeit auch bezahlen muss. Ebenso wird häufig als Begründung angeführt, dass die Arbeitslosen in der Schule vermutlich zu schlecht waren. Auf der anderen Seite gibt es jedoch auch einige Aussagen, dass vielleicht nicht genug Arbeit vorhanden sei. Trotz einiger Fehlvorstellungen schätzen die meisten Kinder jedoch, dass Arbeitslose mit ihrer Situation eher unglücklich sind. Armut wird zudem als ungerecht empfunden und als Lösung schlagen die meisten Kinder vor, dass „die Reichen" (hierzu zählen vor allem Berühmtheiten wie Rennfahrer oder Fußballstars) ihr Geld teilen sollten oder aber mehr gespendet werden solle.

Den letzten Themenkomplex bildete der Bereich „Umwelt/Wald". Die meisten Kinder setzen den Begriff „Umwelt" mit „Umweltverschmutzung" gleich. Den Begriff „Natur" assoziieren sie zumeist mit belebter Natur, also Tieren und Pflanzen. Hier ist den Kindern vor allem deren Schutz und Überleben wichtig. Dies gilt auch für den Wald, dessen Nutzen viele Kinder zunächst korrekt mit der Umwandlung von CO_2 in Sauerstoff beschreiben können, als zweiten Punkt aber den Wald als Schutz und Lebensraum von Pflanzen und Tieren ansehen. Einen Zusammenhang zwischen Umwelt/Wald und Wirtschaft stellen die meisten Schüler erst nach weiteren Impulsen her, und der Schwerpunkt der Äußerungen liegt hierbei auf den Auswirkungen durch die Wirtschaft, also der Umweltverschmutzung. Allerdings gibt es auch Aussagen, dass die Umwelt und der Wald auch Rohstoffe, z.B. für Papier oder Möbel liefern.

Die Ergebnisse der ersten Teilstudie lassen sich so zusammenfassen, dass die Kinder mit dem Begriff „Wirtschaft" zunächst wenig anzufangen wissen. Es wurde in den Befragungen allerdings deutlich, dass Kinder sehr wohl Vorstellungen und Wissen zu ökonomischen Vorgängen haben und diese Vorgänge sich in ihre Lebenswelt erstrecken. Meistens ist dieses Wissen aber noch mit Fehlvorstellungen und kindlichen Erklärungsversuchen durchsetzt. Es lässt sich also sagen, dass die Kinder über ein gewisses Basiswissen verfügen, dieses aber oft nicht korrekt auf wirtschaftliche Gegebenheiten und die Verknüpfung mit Nachhaltiger Entwicklung beziehen können. Dies sieht bei konkreten wirtschaftlich bestimmten Situationen aus ihrer Lebenswelt (z.b. Einkaufen oder Taschengeld) anders aus: Hier haben Kinder dieses Alters schon recht genaue Vorstellungen. Dies deckt sich mit Ergebnissen aus bereits bekannten Studien, z.B. Moll 2001, Gläser 2002 oder Webley 2005 (vgl. Hauenschild, Kap. 2 in diesem Band).

Ökonomische Bildung ist somit anschlussfähig an das Wissen und die Lebenswirklichkeit der Kinder und sollte im Curriculum der Grundschule Berücksichtigung finden.

6.3 Auswertung der aktionsorientierten Interviews – Ergebnistendenzen

In der prä-aktionalen Phase wurden zunächst die Anfangsmotivation zur Teilnahme am Schülerladenprojekt und das Verständnis zum Schülerladen (z.B. Aufgabenbereiche, Angebotssortiment und Produktions-/Verkaufshäufigkeit) erfragt. Weiterhin sollten die Schüler reflektieren, was im Schülerladen gut bzw. was nicht so gut läuft und was ihnen besonders viel Spaß macht. Die Mehrzahl der befragten Schüler sagte aus, dass sie durch Eigeninteresse und freiwillige Meldung zum Schülerladen gekommen waren.

Auf die Frage nach den bisherigen Aktivitäten im Schülerladen wurde unterschiedlich geantwortet, manche Kinder nannten primär Produktion, andere den Verkauf. Alle Kinder konnten zumindest einige Produkte der Angebotspalette nennen und waren in der Lage, Aussagen zu Kundenzahl, Produktions-/Verkaufshäufigkeit und Öffnungszeiten des Schülerladens zu machen. Zu den Aufgaben, welche im Schülerladen anfallen, wurde zumeist nur Produktion und Verkauf genannt, nicht jedoch z.B. der Einkauf oder die Kalkulation. Es ist nicht klar, ob dies daran liegt, dass die Kinder noch nicht in diesen Bereichen tätig waren oder sich diese ihnen nicht erschließen. So wurden auch nur Produktion und Verkauf als Bereiche genannt, die im Schülerladen „gut laufen". Besonders viel Spaß macht den Schülern laut ihrer Aussage jedoch der Verkauf. Da rund zwei Drittel der Kinder berichteten, dass es im Schülerladen zu keinerlei Streitigkeiten kommt, scheinen das Projekt und die Teamarbeit im Schülerladen die Sozialkompetenz der Schüler zu fördern (dieser Schluss lässt sich auch durch Aussagen zu Lernerfolgen der Schüler bestätigen). Die Ergebnisse der Befragung lassen die Aussage zu, dass die Kinder interessiert und motiviert im Schülerladen mitarbeiten und ihnen die Vorgänge bewusst sind.

In der aktionalen Phase sollte überprüft werden, in wie weit die Kinder die von ihnen durchgeführten Tätigkeiten kognitiv durchdringen. Alle Kinder konnten zwar deskriptiv ihre Tätigkeiten beschreiben, oftmals war ihnen aber nicht der tiefere Sinn klar. Es scheint, dass die Kinder in den meisten Fällen Arbeitsanweisungen befolgen, ohne sich über den Nutzen bzw. den Sinn der Tätigkeit bewusst zu sein.

Die post-aktionale Phase stand im Zeichen der Reflexion. Hier konnten die Kinder nochmals zusammenfassen, was und wie sie Tätigkeiten verrichtet haben. Es wurde an dieser Stelle meist der direkte praktische Nutzen angeführt (z.B. „damit das auch gut schmeckt") und nur selten auf wirtschaftliche Hintergründe eingegangen. Dies gilt auch für die Begründung, warum es den Schülerladen überhaupt gibt. Als durchweg positiv schätzen die Befragten die Meinung der Kunden zum Schülerladen, wobei auch hier eher ein praktischer Hintergrund, nämlich die Möglichkeit zum Erwerb gesunder Nahrung vermutet wird. Was die Lernfortschritte angeht, so berichten die meisten Kinder, dass sie den auf ökonomischer Ebene richtigen Umgang mit Kunden sowie mit Geld gelernt haben. Auf ökologischer Ebene ist den Kindern ein Lernfortschritt durch den Schülerladen selten bewusst, Vermeidung von Müll wird teilweise jedoch genannt.

Verbesserungsvorschläge äußerten nur zwei der befragten Kinder, diese hatten jedoch konkrete wirtschaftliche Ideen, z.B. die Steigerung der Verkäufe durch ein Füllen der Angebotslücke bzw. durch zeitweise Sonderangebote. Beiden Schülern lag eine Steigerung des Gewinns am Herzen, um mehr Geld für die Schulklasse zu erhalten. Die restlichen Kinder hatten keine Verbesserungsvorschläge.

Als Ergebnistendenz lässt sich sagen, dass die Kinder alle sehr motiviert sind, im Schülerladen mitzuarbeiten, und dies auch gerne wieder tun würden, nicht zuletzt wohl auf Grund der Erfolgserlebnisse und der ihnen entgegengebrachten Anerkennung. Fast alle kennen sich gut mit ihrem Schülerladen aus. Im ökonomischen Bereich machen die Kinder vor allem Fortschritte beim Verkauf und damit verbunden dem Umgang mit Geld sowie dem Umgang mit Kunden und der Teamarbeit/Arbeitsteilung (Sozialkompetenz).

6.4 Ergebnisse der Ergänzungsstudie mit beteiligten Erwachsenen

Die Befragung der verantwortlichen Lehrkräfte, betreuenden RUZ-Mitarbeiter, Schulleitungen, Eltern und weiteren Lehrkräften an den Projektschulen ergab, dass verschiedene Konzepte zum Aufbau und zur Organisation der Schülerläden entstanden sind. Dies ist auf die Unterschiede hinsichtlich Schulform, Schulgröße, Einzugsgebiet, Anzahl der direkt am beteiligten Lehrkräfte und deren Vorkenntnissen im Bereich BNE zurückzuführen. Die Untersuchung ergab jedoch, dass diese Unterschiede für ein Gelingen eines Schülerladens nicht allein ausschlaggebend sind. So funktionieren die Schülerläden trotz verschiedener Umsetzungen und unterschiedlich langen Anlaufzeiten an allen Projektschulen erfolgreich.

Zusammengefasst kann ein nachhaltiger Schülerladen als gelungen bezeichnet werden, wenn die Motivation der Schüler zum nachhaltigen Wirtschaften durch ihn geweckt wird; hierfür sind mehrere Faktoren entscheidend:

- Die verantwortlichen Lehrkräfte müssen selbst eine hohe Motivation für das Projekt, hohes Engagement und keine Scheu vor Veränderungen während des Projekts besitzen.

- Die Arbeit des Schülerladens muss in der Schule bei allen Eltern, Lehrerinnen und Lehrern, RUZ-Mitarbeiterinnen und -Mitarbeitern und in der Region bekannt gemacht werden (Transparenz).
- Der zusätzliche Zeit- und Arbeitsaufwand für die beteiligten Lehrkräfte darf nicht zu groß sein und die Unterstützung durch Schulleitung, Kollegium, Eltern und RUZ muss vorhanden sein.
- Das im Schülerladen ausgewählte Thema sollte für die Lebenswelt der Kinder relevant sein.
- Materialien/Rohstoffe für die Produktion sollten auch von den Schülerinnen und Schülern zu beschaffen sein.
- Kooperationspartner sollten vor allem auch für die Schülerinnen und Schüler gut erreichbar sein.
- Die Schülerinnen und Schüler sollten den gesamten Prozess der Rohstoffbeschaffung – Produktion – Verkauf – Gewinn-/Verlustrechnung der Produkte begleiten und diese Abläufe als aufeinander folgende Kette wahrnehmen.
- Das Projekt sollte fächerübergreifend in den Unterricht eingebunden sein und eine Möglichkeit zur kontinuierlichen Mitarbeit durch die Kinder gewährleisten.
- Die Produkte des Schülerladens sollten so ausgewählt sein, dass ein erfolgreicher Verkauf gewährleistet ist, um den Kindern so Erfolgserlebnisse im eigenen Wirtschaftshandeln zu ermöglichen.

Wenn die angegebenen Punkte mit Bedacht berücksichtigt werden, hat der nachhaltige Schülerladen eine gute Chance auf Erfolg. Hinzu kommt die Notwendigkeit für die betreuende Lehrkraft, auf dem Gebiet der Nachhaltigen Entwicklung bzw. BNE besondere Kompetenz zu erwerben. Dies kann vor allem mit Hilfe der Regionalen Umweltbildungszentren (RUZ) geschehen, welche als Kooperationspartner unter anderem die Schulung der Projektbeteiligten zur Aufgabe haben. In diesem Sinne ist auch eine intensive und ständige Kommunikation zwischen der betreffenden Schule/Lehrkraft und dem RUZ von Bedeutung. Der Kernaspekt der Nachhaltigkeit des Schülerladens gerät ansonsten schnell in den Hintergrund und wird von traditionellem Wirtschaftslernen verdrängt.

6.5 Zusammenfassung und Ausblick

Die Auswertung der erhobenen Daten ist zwar zum gegenwärtigen Zeitpunkt (Stand: März 2009) noch nicht vollständig abgeschlossen, die vorgestellten Ergebnistendenzen zeigen aber bereits, dass nachhaltige ökonomische Bildung in der Grundschule durchaus anschlussfähig an das Wissen und die Lebenswelt der Schüler ist (vgl. 6.2). So zeigen die aktionsorientierten Interviews die hohe Motivation der Schüler für den Lerngegenstand und deuten bereits auf gewisse Lernfortschritte der Schüler, sowohl im Kontext nachhaltiger Ökonomie (z.B. Umgang mit Geld/Ressourcen) als auch auf Ebene der Sozialkompetenz (z.B.

Umgang mit Kunden/Mitarbeitern), hin (vgl. 6.3). Die Untersuchung zur Akzeptanz und den Gelingens-/Misslingensbedingungen nachhaltiger Schülerläden zeigte, dass diese trotz unterschiedlichster (sozialer) Umfelder der Schule gut angenommen werden und sowohl bei Eltern, Kooperationspartnern sowie der (regionalen) Öffentlichkeit (z.b. durch Berichte in Tageszeitungen) wahrgenommen werden. Als Kritikpunkt kann an dieser Stelle die unterrichtliche Einbettung herausgestellt werden, welche an den Projektschulen auf Grund des gegebenen Zeitdrucks im Schulalltag noch Nachbesserungsbedarf zeigt. Inzwischen laufen die meisten Schülerläden als AGs.

Als Ausblick auf die weitere Forschung innerhalb des Projekts sei gesagt, dass gegen Ende des Projekts eine Einzelfallstudie an die Begleitforschung anschließt, in der weitere Zusammenhänge untersucht werden.

6.6 Literatur

Gläser, Eva (2002): Arbeitslosigkeit aus der Perspektive von Kindern. Bad Heilbrunn.
Hauenschild, Katrin; Wulfmeyer, Meike (2009): Die Perspektive des Lerners – das aktionsorientierte Interview. In: Gropengießer, H.; Gerhard, M.; Kattmann, U. (Hrsg.): Handbuch zur fachdidaktischen Lehr-Lernforschung – Didaktische Rekonstruktion. Bad Heilbrunn, im Druck.
Moll, Andrea (2001): Was Kinder denken. Zum Gesellschaftsverständnis von Schulkindern. Schwalbach/Ts.
Möller, Cornelia (2007): Genetisches Lernen und Conceptual Change. In: Kahlert, J. u.a. (Hrsg.): Handbuch Didaktik des Sachunterrichts. Bad Heilbrunn, S. 258-266.
Webley, Paul (2005): Children's understanding of economics. In: Barrett, Martyn; Buchanan-Barrow, Eithne (eds.): Children's understanding of society. Hove, Nex York: Psychology Press, S. 43-67.
Witzel, Andreas (2000): Das problemzentrierte Interview. In: Forum Qualitative Sozialforschung/Forum: Qualitative Social Research, 1(1). [http://www.qualitative-research.net/fqs; 13.02.2009].

7. Schülerläden planen gründen und betreiben

Beatrice von Monschaw

Das Vorhaben, mit Kindern in der Grundschule einen nachhaltigen Schülerladen einzurichten, erfordert eine gute Planung und einige Vorbereitungen. Je besser die Rahmenbedingungen im Vorfeld geklärt sind, desto weniger Arbeit wird während des Betriebes zusätzlich anfallen. In den folgenden Abschnitten werden Tipps für die Vorbereitung und Durchführung der Aktivitäten gegeben. Im Anhang und auf der CD befinden sich die entsprechenden Vorlagen.

7.1 Planung

Projektidee

Am Anfang eines Vorhabens steht die Idee. In der Praxis orientiert sich die Idee häufig an den fachlichen Fertigkeiten und Erfahrungen der Lehrkraft. Dies hat den Vorteil, dass (in der Regel persönliche) Kontakte zu „Experten" bestehen, die evtl. auch in die Schule kommen und mit den Kindern arbeiten können. Darüber hinaus muss sondiert werden, welche Unternehmensidee sich standortspezifisch anbietet und längerfristig umsetzen lässt. Schulen im städtischen Umfeld müssen hier von anderen Voraussetzungen ausgehen als Schulen, die in ländlichen, naturnahen Regionen liegen. Es ist also vorab zu prüfen, ob geeignete Ressourcen vorhanden sind, ob das Produkt, die Herstellung und der Vertrieb ungefährlich sind und das Projekt im Rahmen der gesetzlichen Möglichkeiten realisierbar ist. Dabei kann es hilfreich sein, Kontakte zu einem nahegelegenen regionalen Umweltbildungszentrum (RUZ) oder anderen relevanten Einrichtungen aufzunehmen.

Auch sollte man sich über die möglichen Ziele Gedanken machen, und zwar ob man

- ein stärkeres Gewicht auf die Förderung von motorischen/handwerklichen Fertigkeiten legen will, (dann käme eher die Produktion, das Arbeiten mit Holz oder Naturmaterialien oder die Verarbeitung von Lebensmitteln in Frage),
- oder ob dem räumlichem Denken ein besonderer Stellenwert eingeräumt werden soll, hier wären z.B. Schülerläden im Recyclingbereich (Dimensionen von Müll, Verringerung des Aufkommens durch Mülltrennung, Verwertbarkeit nach bestimmten Kriterien), oder auch das Bauen mit Holz denkbar,
- oder ob die Entwicklung sprachlicher Kompetenzen im Vordergrund stehen soll, dann würde der Schülerladen eher einem Dienstleistungsunternehmen entsprechend ausgerichtet, bei dem die Schwerpunkte im Bereich der Dokumentation und Präsentation liegen.

Außerdem sollten die Kinder in diese Findungsphase mit einbezogen werden, um ihre Identifikation mit dem Schülerladen herzustellen (vgl. Lampe, Kap. 6 in diesem Band).

Je nachdem, für welche Projektidee man sich entscheidet, müssen evtl. weitere rechtliche Regelungen berücksichtigt werden. So erfordert z.b. ein Schülerladen im Ernährungsbereich u.a. eine vom Gesundheitsamt abgenommene Küche (in der Regel sind die Schulküchen abgenommen; trotzdem sollte man sich erkundigen) und die Beachtung von bestimmten Hygienevorschriften (sowohl bei der Ver- und Bearbeitung von Lebensmittel als auch bei der Raum- und Personalhygiene). Mitarbeiterinnen und Mitarbeiter des Gesundheitsamtes vor Ort können an dieser Stelle ggf. weiterhelfen.

Rechtliche Fragen

<u>Anerkennung als Schulprojekt</u>

Die Gründung und der Betrieb des Schülerladens müssen als Schulprojekt von der Schulleitung genehmigt werden und sollten den pädagogischen Gremien der Schule vorgestellt werden. Damit sichert auch die Schulleitung Unterstützung zu (z.B. Verfügbarkeit von Räumen, Materialien sowie andere Ressourcen) und übernimmt die rechtliche und organisatorische Verantwortung. Mit dem Abschluss eines Kooperationsvertrages für den Schülerladen zwischen Schulleitung und betreuenden Lehrkräften (siehe CD) können wichtige Eckpunkte des Arbeitens (wie z.b. Unternehmensziel, Anzahl der Stunden, Namen der betreuenden Lehrkräfte, Nutzung evtl. von Spezialräumen wie Werkraum oder Küche, Festlegung der beteiligten Jahrgänge) beschrieben und festgehalten werden. Beide Seiten bekommen damit Planungssicherheit. Zusammen mit den Schülerinnen und Schülern kann eine Satzung erstellt werden, in der festgehalten wird, was den Schülerladenmitgliedern bei der Arbeit am wichtigsten ist. An dieser Stelle können verschiedene Aspekte notiert werden, wie z.B.

- wir wollen etwas über die Umwelt erfahren und lernen, sie zukünftig besser zu schützen,
- wir wollen lernen, gemeinsam nach demokratischen Regeln miteinander umzugehen (Abstimmungsregeln kennen und akzeptieren lernen, Regeln der Kommunikation erlernen), oder
- wir wollen Geld erwirtschaften, um den Schulhof zu verschönern oder Spielmaterialien anzuschaffen.

Die Erstellung der Satzung bietet eine gute Gelegenheit, mit den Schülerinnen und Schülern über verschiedene Ziele zu sprechen.

<u>Versicherung: Ja oder nein?</u>

Vor Beginn des Projektes sollte man mit dem kommunalen Schadensausgleich (KSA) klären, ob er die Haftung bei Schäden an Dritten übernimmt. Im Sek. I und II Bereich ist dies durch die Gleichstellung mit den Betriebspraktika zur Berufsvorbereitung gewährleistet. Im Zweifelsfall wird empfohlen, eine Haftpflichtversicherung abzuschließen.

Im Rahmen eines Schulprojektes sind die Kinder bei ihren Tätigkeiten für den Schülerladen ganz normal über den Gemeindeunfallverband versichert.

Wahrung der Namensrechte
Bei der Benennung des Schülerladens oder einzelner Produkte sind evtl. bestehende Namensrechte anderer Firmen zu berücksichtigen. So sind bestimmte Markennamen geschützt und dürfen nicht anderweitig verwendet werden (nur wo „Nutella" drauf steht, ist auch „Nutella" drin). Im Zweifelsfall sollte man sich an die Urheber der Namensrechte wenden und anfragen, ob für dieses Projekt/Produkt der geplante Namen verwendet werden darf.

Bei verpackten Produkten muss für den Kunden deutlich sein, was er erwirbt (was drauf steht, muss auch drin sein). Bei der Verwendung der Begriffe „Bio" oder „Öko" müssen die Eigenschaften näher beschrieben bzw. die Prüfsiegelstelle angegeben werden.

Schulische Einbindung

In dem Projekt *Nachhaltiges Wirtschaften erfahren an Grundschulen* gab es tendenziell zwei unterschiedliche Herangehensweisen an die unterrichtliche Einbindung. Während die Einen das Projekt im Rahmen des Sachunterrichts (und der Verfügungsstunde) durchführten, siedelten Andere das Projekt im Bereich der Arbeitsgemeinschaften (AGs) an.
Beides hat seine Vor- und Nachteile:
Das niedersächsische Kerncurriculum des Faches Sachunterricht ist auf den Erwerb verschiedener Kompetenzen ausgerichtet. Viele dieser Kompetenzen lassen sich mithilfe „nachhaltiger Schülerladen" erfolgreich üben (vgl. CD). Gerade dann, wenn das Schulprofil/-programm auf die Vermittlung von Bildung für Nachhaltige Entwicklung (BNE) ausgerichtet ist, macht die unterrichtliche Anbindung an das Fach Sachunterricht Sinn, da allen Schülerinnen und Schüler eines Jahrganges oder zweier Jahrgänge die entsprechenden Kompetenzen vermittelt werden. Es gilt jedoch zu berücksichtigen, dass die regelmäßige Herstellung von Produkten relativ viel Zeit erfordert. Entsprechende Unterstützungsstrukturen sollten deshalb im Vorfeld gesucht und gebildet werden (vgl. von Monschaw, Kap 5 in diesem Band).

Als besonders vorteilhaft bei der unterrichtlichen Anbindung an eine Arbeitsgemeinschaft erweist sich die Möglichkeit der Integration verschiedener Jahrgänge, wodurch insbesondere das Lernen der Kinder voneinander gefördert wird. In der Regel wechselt zum Halb-/Schuljahresende nicht die komplette „Belegschaft", so dass die betreuende Lehrkraft nicht wieder von vorne anfangen muss, sondern die Idee weitergegeben wird bzw. sich fortpflanzen kann. Allerdings sind Exkursionen zu außerschulischen Lernstandorten schwerer zu realisieren (bei Tagesexkursionen müssen Schülerinnen und Schüler aus unterschiedlichen Klassen aus dem Unterricht herausgeholt werden), und Verknüpfungen mit anderen Fächern sind aufwendiger, da mit einer größeren Anzahl von Kolleginnen und Kollegen Absprachen getroffen werden müssen.

Als empfehlenswert hat sich eine Mischform herausgestellt, d.h. Anbindung an den Sachunterricht eines Jahrgangs plus Unterstützung in der Produktion durch eine Arbeitsgemeinschaft. Die Sachunterrichtslehrkraft kann in einem solchen Fall gleichzeitig die Projektkoordination übernehmen.

Denkbar wäre demnach, im Sachunterricht sozusagen die Unternehmensleitung mit den Themenbereichen BNE, nachhaltiges Marketing, Buchführung, Produktentwicklung (unter nachhaltigen Gesichtspunkten), Kundenanalyse, Planungen von Verkaufsveranstaltungen, Preisgestaltung, Mengenberechnung usw. durchzuführen, während in der Arbeitsgemeinschaft jahrgangsübergreifend produziert wird. Die Teilnahme an der Arbeitsgemeinschaft Produktion muss dabei für die betreuende Klasse nicht unbedingt verpflichtend sein.

Unabhängig von der unterrichtlichen Einbindung hat sich im Verlaufe des Projektes herausgestellt, dass es für die betreuenden Lehrkräfte leichter war, wenn sie mindestens zu zweit das Projekt betrieben haben.

Unterstützungsstrukturen

Abgesehen von der wichtigen Unterstützung durch das Kollegium und die Schulleitung, können evtl. noch andere Personengruppen in das Projekt eingebunden werden. So gibt es an den meisten Schulen pädagogische MitarbeiterInnen, den Schulelternrat und/oder einen Schulförderverein, die um finanzielle und evtl. auch personelle Unterstützung gebeten werden können. Dabei ist nicht immer eine regelmäßige Mithilfe gefordert; oftmals reicht es, wenn zusätzliche Begleit- und Aufsichtspersonen für Exkursionen oder Verkaufsaktionen angesprochen werden können. Auch Eltern, Großeltern oder sonstige RentnerInnen mit Erfahrungen aus einem Handwerksberuf können eine hilfreiche Ergänzung sein und Beistand leisten. Unter Umständen kann und möchte auch jemand zu dem ein oder anderen inhaltlichen Thema (Arbeiten früher und heute, Lesen eines Planes und Erstellung eines Produktes, kochen und backen usw.) eine Veranstaltung bzw. Lerneinheit anbieten.

Darüber hinaus können die außerschulischen Lernstandorte einen Teil des Fachinputs übernehmen (hier ist oftmals eine rechtzeitige Anmeldung, manchmal bereits am Ende des alten für das folgende Schuljahr erforderlich).

Wie die Evaluation (vgl. Lampe, Kap. 6 in diesem Band) darlegt, ist die Einbindung außerschulischer Partner eine wesentliche Gelingensbedingung für Nachhaltige Schülerläden an Grundschulen. Auch Kontakte zu weiteren Partnern, vor allem zu Zulieferern und Banken/Sparkassen, sollten frühzeitig hergestellt werden.

Mit allen Partnern sollte der Kontext des Projektes geklärt sein; der Schülerladen weist bei allen seinen Geschäftskontakten auf seinen Schülerladenstatus hin (z.B. auf Briefpapier, Aushang, Werbematerial). Dies ist wichtig, um die Haftung zu beschränken[19].

Da der Schülerladen womöglich auf die Unterstützung von Eltern, weiteren Verwandten, Schulelternrat, Hausmeister oder Förderverein angewiesen ist, sollten diese frühzeitig informiert werden und ihr Einverständnis geben.

Eine (zumindest verbale) Anerkennung der Leistungen von sog. ehrenamtlichen Helfern ist höflich wie vorteilhaft, wenn es darum geht, sie in folgenden Jahren erneut einsetzen zu wollen.

Information und Einwilligung der Eltern

Die Methode nachhaltiger Schülerladen fördert anderes Lernen als es die Erziehungsberechtigten in der Regel selbst erlebt haben. Aus diesem Grund hat es sich als vorteilhaft erwiesen, vor Beginn des Schuljahres die Eltern der teilnehmenden Kinder über die inhaltlichen und methodischen Ideen des Schülerladens in Kenntnis zu setzen und sich eine schriftliche Einwilligung, dass die Kinder an dem Projekt teilnehmen dürfen, geben zu lassen. Zum einen wissen die Eltern anschließend, warum sie ihre Kinder evtl. vormittags in Kleingruppen beim Einkaufen antreffen oder auch nachmittags etwas ungewöhnliche „Hausaufgaben", wie z.b. Preise vergleichen, einkaufen oder den Schülerladenstand betreuen, erledigen müssen. Zum anderen ist es auf diese Weise ggf. möglich, Personen zu finden, die bereit sind (auch regelmäßige) Aufgaben im Schülerladen zu übernehmen. Transparenz hat sich als sehr positiv und motivationsfördernd herausgestellt.

Die Stadt Hannover hat (in Zusammenarbeit mit Mitarbeitern des Kultusministeriums) im Februar 2008 ein Rechtsgutachten zu den meisten Fragen rund um Schülerfirmen erstellen lassen. Die Broschüre mit dem Titel: „Alles was Recht ist – rechtliche Grundlagen für nachhaltige Schülerfirmen",
kann ebenfalls gegen ein geringes Entgelt bezogen werden über die:

BNE-Agentur Niedersachsen
Herr Jürgen Drieling
Kuhlenstr. 20
26655 Westerstede

7.2 Gründung eines nachhaltigen Schülerladens

Im weiteren Verlauf recherchieren die Schülerinnen und Schüler zu Informationen über Produkterstellung oder Art der Dienstleistung und planen die Produktion. Hier können die Kinder selbstständig arbeiten; Materialien sollten altersgemäß zur Verfügung gestellt werden.

---

[19] So sind an die Qualität der von Grundschülern hergestellten Produkte geringere Anforderungen zu stellen als an vergleichbare Produkte herkömmlicher Produzenten.

Zu diesem Zeitpunkt sind vertiefend Fragen Nachhaltiger Entwicklung im Unterricht zu behandeln. Auf nahezu jede Projektidee bezogen bieten sich Möglichkeiten, lebensweltliche Anlässe zu finden, auf deren Grundlage exemplarisch die Vernetzung der drei Dimensionen Nachhaltiger Entwicklung veranschaulicht werden kann (vgl. von Monschaw, Kap. 5 und Hauenschild & Lampe, Kap. 8 in diesem Band). Die Schülerinnen und Schüler können so Entscheidungen für den nachhaltigen Schülerladen angemessen treffen.

Ebenso werden erste Grundlagen in Bezug auf betriebswirtschaftliche Aspekte an dieser Stelle des Projektes zur Sprache kommen. Auch hierzu finden sich auf der CD hinreichende Informationen, anhand derer verschiedene Themengebiete erst theoretisch und anschließend praktisch aufbereitet werden können.

Dokumentation der Einnahmen und Ausgaben

In einem Schülerladen wird reales Geld ausgegeben und erwirtschaftet. Es werden für die Schülerfirmen die Regelungen der Kleinstunternehmungen zugrunde gelegt. Es gilt demnach Folgendes:

- Für Umsätze bis zu einer Höhe von 17.500 Euro muss keine Umsatzsteuer (§19 Umsatzsteuergesetz) gezahlt und damit auch nicht ausgewiesen werden. (Wir empfehlen deshalb allen Schülerladenbetreibern unter diesem Grenzwert zu bleiben!). Diese Regelung kann z.B. auch Bestandteil des Kooperationsvertrages zwischen der Schulleitung und dem Schülerladen sein.

- Ab Umsätzen über 30.678 Euro (incl. Umsatzsteuer) pro Jahr wird die Schule körperschaftssteuerpflichtig und verliert den Status der Körperschaft des öffentlichen Rechtes (und damit z.B. viele andere Privilegien z.B. bei den Versicherungen). Diese Grenze sollte keine Schülerfirma oder kein Schülerladen überschreiten.

- Es gibt einen steuerlichen Freibetrag (nach §24 KStG) von 3.835 Euro Gewinn (Einnahmen minus Ausgaben eines Jahres) pro Jahr.

Damit die Einnahmen und Ausgaben evtl. geprüft werden können, muss zumindest eine einfache Einnahmen-Ausgaben-Aufstellung angefertigt und alle Belege gesammelt werden. Die Grundsätze ordnungsgemäßer Buchführung (GoBs nach §252 HGB) müssen ihre Anwendung finden.[20] Es gibt für interessierte

---

[20] Die Grundsätze ordnungsgemäßer Buchführung schreiben vor, dass „ein sachkundiger Dritter sich in angemessener Zeit einen Überblick über die Einnahmen und Ausgaben des Unternehmens" verschaffen kann (§252 HGB). Daraus lässt sich ableiten, dass alle (Vollständigkeit) Einnahmen und Ausgaben zeitnah und richtig (Richtigkeit), in chronologischer Reihenfolge aufgeschrieben werden müssen und alle dazugehörigen Belege (keine Buchung ohne Beleg) mit der entsprechenden Zuordnung (Zuordnung durch Buchungsnummern) zu den Einnahmen/Ausgaben aufgehoben werden und mindestens 5 Jahre in Papierform vorliegen müssen.

Schulen ein einfaches Computerprogramm[21], das den Anforderungen genügt und für Schülerinnen und Schüler in nachhaltigen Schülerfirmen konzipiert worden ist. Eine Papierversion kann damit ebenfalls erstellt werden.

Startkapital

Für die Produktion eines Prototyps werden evtl. Werkzeuge oder zumindest etwas Geld benötigt. In vielen Fällen ist der Förderverein mit einer Spende oder einem Darlehen (mit geringen oder keinen Zinsen) eingesprungen. Andere Möglichkeiten sind Spendensammlungen bei Schulfesten, der regionalen Wirtschaft (dies hat den Vorteil, dass die umliegenden Geschäfte von der Idee erfahren und vielleicht auch ihre Mithilfe akquiriert werden kann) oder der Verkauf von Kuchenspenden zu einer besonderen Gelegenheit. Bereits diese Einnahme muss mit einem Beleg nachgewiesen werden.

Der Anfangsbetrag braucht und sollte aus didaktischen Gründen nicht so hoch sein. Die Mitarbeiterinnen und Mitarbeiter sollen sehen, dass sie aus einem kleinen Laden mit wenig Kapital durch ihren eigenen Einsatz und ihre Arbeitsleistungen Geld verdienen können und damit die Ausstattung ihres Schülerladens verbessern können.

Einrichtung eines Kontos

Mit der Schulleitung muss abgesprochen werden, ob für den Schülerladen unter dem Schulkonto ein eigenes Konto eingerichtet werden kann oder lieber ein eigenständiges eröffnet werden soll. Auf jeden Fall sollte die kontoeröffnende Person darauf achten, dass deutlich wird, dass es sich um das Konto des Schülerladens handelt. Ansonsten besteht die Gefahr, dass das Finanzamt dieses Konto dem eigenen Einkommen zurechnet (und es entsprechend versteuert werden muss).

Produktion der Prototypen

Bevor die Mitarbeiterinnen und Mitarbeiter sich auf ihre Produkte festlegen, sollte geprüft werden, wie die Produktion funktioniert und ob sie von ihnen geleistet werden kann (handwerklich und zeitlich). Auch kann man eine Befragung unter den potentielle Kunden durchführen lassen, ob und zu welchem Preis sie das hergestellte Produkt kaufen würden.

Einbindung der örtlichen Wirtschaft

In Schulen können Produkte zu einem wesentlich niedrigeren Preis hergestellt werden als in der freien Wirtschaft, da die Schulen meistens weder Löhne noch Sozialabgaben, Raummiete, Strom oder Werkstatt-/Küchennutzung zahlen. Damit nicht der Verdacht des unlauteren Wettbewerbs auftaucht, sollte man früh-

---

[21] Zu beziehen über: BNE-Agentur Niedersachsen, Herrn Jürgen Drieling, Kuhlenstr. 20, 26655 Westerstede.

zeitig mit den örtlichen Betrieben Kontakt aufnehmen und ihnen das Projekt „nachhaltiger Schülerladen" vorstellen. Dabei sollte man die didaktischen Ziele, die zu erwartenden Verkaufstage ansprechen (man kann diese Termine gut nutzen, damit die Mitarbeiterinnen und Mitarbeiter des Schülerladens ihr Projekt nach außen vorstellen üben können).

Sind die Geschäfte in fußläufiger Entfernung der Schule, so können auch erste Überlegungen und evtl. schon Absprachen zum Warenbezug über die regionalen Geschäfte angestellt und getroffen werden. Der nachhaltige Schülerladen sollte darauf achten, dass er in keiner direkten Konkurrenz zu einem örtlichen Betrieb (das kann auch der Hausmeister mit seinem Schulkiosk sein) steht, sondern sich auf sog. Nischenprodukte konzentriert.

Analyse der Käufergruppe

Je nach Unternehmensidee können die potentiellen Käufergruppen unterschiedlich sein. Oftmals werden es die Schülerinnen und Schüler der eigenen Schule oder deren Eltern und die weitere Schulöffentlichkeit sein, die in die Schule kommt. Die Mitarbeiterinnen und Mitarbeiter sollen sich Gedanken machen (evtl. kann man das auch durch eine Marktanalyse genauer feststellen), über welches Einkommen ihre Käufergruppe verfügt und in welchem Preissegment sie ihre Produkte deshalb anbieten müssen. Preisstaffelungen z.b. für Schülerinnen/Schüler und Erwachsenen wären denkbar und könnten auch umgesetzt werden.

Verkaufsstätten

Meistens wird der Schüleraden innerhalb des Schulgeländes aufgebaut. Er sollte für die „Kunden" leicht zu finden sein und an einem zentralen Ort stehen. Die Hausmeister sind in vielen Fällen bereit, bei der Suche nach einem geeigneten Standort zu helfen (mögliche Fluchtwege und Brandschutzbestimmungen müssen berücksichtigt werden). Auch hier sind die rechtlichen Vorgaben (z.B. Hygienebestimmungen) beim Verkauf und die Aufsichtspflicht zu beachten.

Sollte der Verkauf außerhalb der Schule stattfinden, so muss geklärt werden, ob die Mitarbeiterinnen und Mitarbeiter dies regelmäßig machen können und dürfen (Rücksprache mit dem KSA über Versicherungs- und Unfallschutz, Auflagen der Aufsichtspflicht müssen beachtet werden).

Verkaufsplanung

Gemeinsam sollte man überlegen, wie häufig man einen Verkauf gewährleisten kann. Im Hinterkopf sollten die Akteure behalten, dass sie die regelmäßige Produktion auch schaffen können. Ferien, Klassenfahrten, Klassenarbeitswochen, Zeugnisvorbereitungen oder regelmäßige Pflichtvorgaben der Schule (z.B. Fahrradprüfungen) reduzieren die Arbeitszeiten für den Schülerladen. Andererseits führt ein regelmäßiger Verkauf auch zu einer größeren Akzeptanz innerhalb der Schule, und die Kunden können sich besser darauf einstellen.

Feierliche Eröffnung

Zu den Eröffnungsfestlichkeiten kann man neben den Eltern und allen sonstigen Förderern des Schülerladens (Bank/Sparkasse, regionale Wirtschaft) auch die Mitglieder des Schulelternrates, des Fördervereins und die Presse einladen. Ein schulinterner Probelauf hat sich hier als günstig erwiesen, da die Schülerinnen und Schüler den Ablauf erst einüben müssen.

7.3 Betrieb

Die Schülerinnen und Schüler sind weitgehend selbstständig für die einzelnen Aktivitäten im Schülerladen verantwortlich:
Der Betrieb eines Schülerladens umfasst in der Regel die Bereiche

- Einkauf,
- Produktion,
- Verkauf.

Dem Einkauf kann man folgende Bereiche zuordnen:

- Planung: Was wollen wir machen und warum?
- Preisvergleiche (im weiteren Verlauf können z.b. auch die Themen Transport, Produktions- und Herstellungsbedingungen der gekauften Produkte, Verpackungs- und Müllaufkommen im Vergleich und Markenidentität angesprochen werden).

Zur Produktion gehören auch die Bereiche

- Arbeitssicherheit,
- Anleitungen lesen und verstehen (später vielleicht auch für eine „Eigenkreation" selber entwerfen),
- Arbeitsabläufe: Wie organisieren wir unsere Arbeit? Machen alle dasselbe oder werden die Arbeitsschritte zerlegt (Einzelfertigung vs. Serienfertigung)?
- Wie werden die Produkte in großen Betrieben hergestellt (evtl. Exkursion in einen Betrieb)?
- Wie hat sich die Produktion im Laufe der Zeit verändert?
- Überlegungen zur Reparaturfreundlichkeit und Langlebigkeit der Produkte,
- Umwelt- und Gesundheitsfreundlichkeit der verarbeitenden Materialien,
- Überlegungen zu Verschnitt- und Müllreduzierungen,
- Beachtung der rechtlichen Vorschriften (Hygiene, Arbeitssicherheit, …).

Zum Verkauf werden z.B. folgende Themenfelder gezählt:

- Planung von Verkaufsaktionen: Wann und für wen soll verkauft werden?
- Werbung: Wer sind meine Kunden? Wie mache ich die Kunden auf meine Produkte aufmerksam?

- Preiskalkulation: Neben der betriebswirtschaftlichen Notwendigkeit, dass die Produkte nicht unter den Herstellungskosten verkauft werden sollen, muss auch die Rechenfähigkeit der Verkäuferinnen und Verkäufer und Kundinnen und Kunden mit einbezogen werden;
- Wahl des Verkaufsortes;
- Aufbau und Dekoration des Standes, Präsentation der Waren;
- Einteilung des Verkaufspersonals (evtl. extra Personal für die Kasse einplanen, damit die Lebensmittel nicht mit den gleichen Händen angefasst werden wie das Wechselgeld);
- Durchführung des Verkaufs (Wechselgeld vorher zählen und einen Zettel mit dem entsprechenden Betrag als Erinnerung in die Kasse legen);
- Abrechnung des Verkaufs;
- Buchführung;
- Aufräumen;

Dabei können die Aufgaben im Laufe des Betriebes wachsen. So ergeben sich viele Fragestellungen während des Betriebes und zwar gerade dann, wenn Probleme auftauchen. Diese können als Anlass genommen werden, weitere Überlegungen anzustellen.

Beispiel:

Der nachhaltige Schülerladen im Bereich Gesunde Ernährung fängt mit zwei Produktangeboten (die die Lehrkraft vorgibt) an (Käsefüße und Schwarzbrot mit selbst hergestellter Marmelade). Nach dem ersten Verkauf stellt man fest, dass von dem Schwarzbrot mit Marmelade nur sehr wenig verkauft wurde. Bei der anschließenden Besprechung mit den MitarbeiterInnen stellt man fest, dass viele Kinder eher ungern Schwarzbrot essen bzw. kaum kennen. Den SchülerInnen fallen folgende Alternativen zur Absatzsteigerung ein:

- eine Probieraktion, an der kostenlos kleine Häppchen von Schwarzbrot und Marmelade verteilt werden,
- anderes Brot als Grundlage für die Marmelade,
- das Schwarzbrot mit der Marmelade billiger anbieten (wenn der Verkaufspreis unter die Herstellungskosten fällt, müssten die anderen Produkte des Schülerladens (in diesem Fall die Käsefüße) den Verlust mittragen können, also evtl. etwas teurer angeboten werden,
- in einer Befragung an der Schule sollen mögliche Gründe für die Unbeliebtheit eines Produktes herausgefunden werden.

Die Mitarbeiterinnen und Mitarbeiter entscheiden sich für eine gemischte Strategie aus Probieraktion und Preissenkung. Dazu wollen sie einen Tag in der anstehenden Projektwoche nutzen, da die anderen Schülerinnen und Schüler auch mehr Zeit haben, etwas zu den Gründen ihrer Kaufentscheidung zu sagen.

Leistungsbewertung in Schülerläden

Je stärker der nachhaltige Schülerladen in den Unterricht eingebunden ist, desto mehr stellt sich die Frage nach der Bewertung der Leistungen. Den Mitarbeiterinnen und Mitarbeiter sollte deutlich gemacht werden, dass auch bei „nachhaltigen Schülerladen" bestimmte Merkmale zur Leistungsmessung herangezogen werden und sie am Ende des Halbjahres/Schuljahres eine Bewertung für ihre Arbeit erhalten. Die Kriterien für die Beurteilung müssen transparent gemacht werden.

Unter mündlichen Lernkontrollen kann man zur Beurteilung heranziehen:

- das Verhalten bei Diskussionen (Einhalten von Gesprächsregeln, Leiten der Diskussion etc.),
- den Einsatz bei und die Durchführung von Umfragen oder
- mündliche Präsentationen.

Im schriftlichen Bereich können erstellt werden:

- Dokumentationen und Arbeitsberichte,
- Protokolle von Sitzungen und Besprechungen oder
- Referate.

Auch das Arbeits- und Sozialverhalten kann in Bewertungen einfließen. In nachhaltigen Schülerläden kann man den Umgang miteinander gut beobachten. Dabei kann man feststellen, wie die einzelnen Schülerinnen und Schüler mit den Schwächen der anderen umgehen, z.B.:

- inwieweit die Schüler motiviert sind bzw. andere motivieren können,
- inwieweit sie vorausschauend denken und handeln können,
- sie an Entscheidungsprozessen teilnehmen,
- selbstständig oder gemeinsam mit anderen planen und handeln können,
- inwieweit sie die eigenen Leitbilder reflektieren und die anderer reflektieren können,
- sie Empathie für Benachteiligte und Schwache empfinden können und
- interdisziplinäre Erkenntnisse in ihr Handeln einfließen.

Diese Aspekte entsprechen im Wesentlichen den Teilkompetenzen von Gestaltungskompetenz.

Darüber hinaus kann man den sorgsamen Umgang mit den Werkzeugen und den sparsamen Verbrauch der Betriebsmittel dokumentieren und in die Bewertung mit einfließen lassen. Eine graphische Übersicht dazu befindet sich auf der beiliegenden CD. Außerdem befindet sich dort eine Checkliste.

7.4 Literatur

Stadt Hannover (Hrsg.) (2008): Alles was Recht ist – rechtliche Grundlagen für nachhaltige Schülerfirmen. Hannover.

8. Bildung für Nachhaltige Entwicklung unterrichten

Katrin Hauenschild & Volker Lampe

Bildung für Nachhaltige Entwicklung (BNE) stellt eine anspruchsvolle Aufgabe für Lehrende und Lernende dar. In ihren Anliegen ist BNE eine Herausforderung nicht nur für die Gestaltung von für den Unterricht mit Schulklassen geplanten Inszenierungen, sondern auch für die Schule als Lernort für Kinder und Jugendliche insgesamt – für eine Schule, die sich als Teil gesellschaftlicher Realität versteht und Leben und Lernen zu verbinden anstrebt (vgl. Hauenschild, Kap. 2 in diesem Band).

Nachhaltige Schülerläden stellen ein geeignetes methodisches Arrangement für die Öffnung von Unterricht nach innen und nach außen dar (vgl. Dasecke, Kap. 3 in diesem Band). Das Gelingen nachhaltiger Schülerläden hängt jedoch vor allem von ihrer Verankerung im Regelunterricht ab: Je intensiver das in den Schülerläden Erarbeitete in den Regelunterricht eingebunden wird, desto höher sind die Lernchancen für alle Kinder (vgl. Lampe, Kap. 6 in diesem Band).

Bezugspunkt nachhaltiger Schülerläden ist das Themenfeld Nachhaltige Entwicklung (NE) im Sachunterricht, in dessen Rahmen ökonomische Zusammenhänge einzubetten sind. Über die im oben beschriebenen Projekt *Nachhaltiges Wirtschaften erfahren an Grundschulen* bearbeiteten Themenschwerpunkte hinaus (vgl. von Monschaw, Kap. 5 in diesem Band), eignen sich viele Themen des Sachunterrichts als Ausgangspunkte für die Erarbeitung nachhaltigkeitsorientierter Bildung in der Grundschule. Aufgabe von Lehrerinnen und Lehrern ist es, aus der Fülle der Themen, wie sie z.B. im niedersächsischen Kerncurriculum (vgl. Niedersächsisches Kultusministerium 2006) oder auch im Perspektivrahmen der Gesellschaft für Didaktik des Sachunterrichts (vgl. GDSU 2002) ausgewiesen sind, exemplarisch eine geeignete, d.h. didaktisch begründete Auswahl für die Initiierung der (weitgehend) selbstgesteuerten Lernprozesse der Kinder zu treffen. Auf methodischer Seite werden projekt-, situations- und handlungsorientierte Unterrichtsformen sowie fächerübergreifender Unterricht den interdisziplinären und prozessorientierten Ansprüchen von BNE gerecht (vgl. Hauenschild, Kap. 2 in diesem Band).[22] Somit ist auch BNE maßgeblichen Prinzipien der Grundschuldidaktik verpflichtet und erfordert didaktisch-methodischen Begründungen, die im Spannungsfeld zwischen Kind- und Sachorientierung zu bestimmen sind und in einer gegenwarts- und zukunftsbezogenen Konzeption wissens-, handlungs- und bewertungsbezogene Kompetenzen zu vermitteln anstrebt (vgl. Hauenschild 2008).

In den folgenden Abschnitten soll überblicksartig gezeigt werden, nach welchen Kriterien die Auswahl eines geeigneten Themas erfolgen kann (vgl. 8.1). Ein Beispiel aus dem Bereich des Themas „Gesunde Ernährung/Nachhaltiger

---

[22] Vgl. auch Rode (2005) zur Evaluation des BLK-Programms „21".

Konsum" soll die Komplexität des projektorientierten Vorgehens veranschaulichen. Im Abschnitt 8.2 wird erläutert, wie auf methodischer Ebene ein Thema im Kontext von BNE aufbereitet werden kann; hier bietet das *projektorientierte Vorgehen* einen angemessenen methodischen Rahmen, insbesondere für nachhaltigkeitsorientierte Bildung, um einerseits Schülerinnen und Schülern individuelle, an subjektiven Interessen und Voraussetzungen anknüpfende Zugänge zu ermöglichen und andererseits interdisziplinäre Bezugsfelder, wie sie für BNE konstitutiv sind, zur Entfaltung zu bringen. Im Anschluss daran (vgl. 8.3) wird in die Materialsammlung zu den Unterrichtsbausteinen für BNE eingeführt, die auf der beiliegenden CD als Vorlagen zur Verfügung stehen.

8.1 Bildung für Nachhaltige Entwicklung didaktisch begründen

In die Ziele von BNE gehen grundlegende Intentionen aus Umweltbildung und entwicklungspolitischer Bildung ein. Neben der Berücksichtigung ökologischer, ökonomischer und sozio-kultureller Perspektiven in ihrer Vernetzung ist insbesondere das Prinzip der Globalität ein zentrales Merkmal, in dem sich diese zwei ‚Säulen' verbinden (vgl. BMBF 2002, S. 14). Für BNE kann skeptisch eingewandt werden, dass globale Umweltentwicklungen, wie z.B. Treibhauseffekt, Ozonloch, Bevölkerungsentwicklung oder ungleicher Ressourcenverbrauch zwischen Nord und Süd, nur bedingt auf lokale Situation beziehbar oder zumindest Vernetzungen zwischen Globalem und Lokalem nur schwer durchschaubar zu machen seien. Allerdings lassen sich globale Perspektiven hinreichend in lokalen Zusammenhängen identifizieren, und es ist gerade die Herausforderung im Rahmen von BNE, dazu zu befähigen, globale Entwicklungen in ihren lokalen Bedeutungen zu erkennen – wie es sich in dem von Robertson (1998) geprägten Begriff der *Glokalisierung* ausdrückt: das Ineinanderblenden von global und lokal (vgl. ebd., S. 197). Durch Aktivitäten in überschaubaren Handlungsräumen können altersgemäß Bezüge zu Aspekten Nachhaltiger Entwicklung hergestellt werden, indem Handlungsketten durchschaubar gemacht und das individuelle Handeln in weitere Kontexte eingebunden werden. Auch globale Zusammenhänge können transparent werden, wenn sie auf das individuelle Handeln bezogen bleiben und an bedeutsamen Problemsituationen exemplarisch nachvollzogen werden (vgl. Hauenschild 2006). Aus pädagogischer Sicht geht es darum, eine „Nahethik" auf eine „Fernmoral" zu übertragen (vgl. Birnbacher 1988, S. 192), und Kindern bewusst zu machen, dass globale Entwicklungen keine abstrakten Größen sind, sondern sich in lokalen Situationen auf der Handlungsebene konkretisieren. *Zukunftsbewusstsein, Zukunftsbewertung* und *Zukunftsorientierung im Handeln* (vgl. ebd. S. 175 ff.) sind Ziele, die für System-, Bewertungs- und Handlungskompetenzen im Rahmen von BNE konstitutiv sind (vgl. Hauenschild & Bolscho 2007, S. 49 ff.).

Um Gestaltungskompetenz zu befördern, sind Lernanlässe an den lebensweltlichen Wahrnehmungs- und Handlungsmustern von Kindern zu orientieren. Ein problemorientierter Zugang, der sowohl für das Kind als auch für die Sache, und d.h. auch für die Gesellschaft, bedeutsam ist, muss Ausgangspunkt für BNE sein. Unter diesem Aspekt sind von einer Arbeitsgruppe im BLK[23]-Programm „21" vier Kriterien für die Themenauswahl entwickelt worden (BLK „21" 2003, S. 15):

Kriterium	Leitfragen zur Identifikation von Kernthemen
Zentrales lokales/globales Thema	Erschließt der Inhalt den Bedarf, die Bedingungen und Perspektiven zukunftsfähiger Entwicklung im globalen und lokalen Raum? Ist ihre Relevanz durch den fachwissenschaftlichen und/oder politischen Diskurs gesichert?
Längerfristige Bedeutung	Ist die längerfristige Bedeutung des Inhaltes (auch eines tagesaktuellen Ereignisses) anzunehmen oder gesichert? Kann man die Frage, ob das Thema auch in einer Dekade noch eine Bedeutung haben wird, bei aller Unsicherheit vorsichtig positiv beantworten?
Differenziertes Wissen	Werden verschiedene Fächer, Wissenschaften, Disziplinen an der Konstituierung des Gegenstandes beteiligt? Wird der Gegenstand differenziert wahrgenommen? Werden unterschiedliche Erfahrungen und Auffassungen von der Sache präsentiert?
Handlungspotenzial	Werden Handlungsmöglichkeiten für den Einzelnen und/oder die Sozietät und/oder die Betroffenen für die Politik, Wirtschaft sowie Wissenschaft und Technik aufgezeigt? Werden Handlungsmöglichkeiten für das individuelle wie für das kollektive Handeln eröffnet? Werden die Grenzen, Hemmnisse und Potenziale eigener Verhaltensänderung wie der politischen Gestaltung thematisiert?

Tab. 4: Kriterien für die Themenauswahl

Dieser anspruchsvolle Kriterienkatalog stellt ein mögliches Raster für die Auswahl von Themen für BNE dar und kann zum Prüfstein für den Stand von BNE auf der unterrichtlichen Ebene werden.

Mit Blick auf grundschuldidaktische Prinzipien erfolgt die Auswahl geeigneter Themen jedoch neben Sachansprüchen nach Kriterien, die am Lernenden, seinen altersspezifischen Lernvoraussetzungen und Vorerfahrungen zu orientieren sind (vgl. Hauenschild, Kap. 2 in diesem Band). Projektorientierte Unterrichtsinszenierungen stellen in diesem Sinne ein geeignetes Vorgehen dar.

Im Projektunterricht werden Theorie und Praxis, Schule und Leben aufeinander bezogen, wenn Projekte aus der Lebenswirklichkeit von Kindern, an realen Problemstellungen entstehen und mit ihren Ergebnissen in die Lebenswirklichkeit zurückwirken. So werden Zusammenhänge zwischen einzelnen Lebensbereichen hergestellt, die Kinder im Zuge der Veränderung der Lebenswelt so

---

[23] Bund-Länder-Kommission für Bildungsplanung und Forschungsförderung.

nicht mehr in ihren Zusammenhängen in der Lebenswirklichkeit zugänglich sind. In *sozialisationstheoretischer* Hinsicht können Eigentätigkeit und Primärerfahrungen von Kindern durch Projektlernen gefördert „und damit die konsumorientierte und auf Sekundärerfahrungen gestützte Kulturaneignung" (Gudjons 2005, S. 404) kompensiert werden.

In *bildungstheoretischer* Hinsicht können in Projekten wichtige, zukunftsbedeutsame Kompetenzen für die Persönlichkeitsentwicklung in Richtung auf die Teilnahme am demokratischen Leben als mündige und aktive Bürger angebahnt werden – durch Arbeit in sozialen Zusammenhängen, durch demokratische Entscheidungsprozesse, durch Handlungsorientierung und das Erstellen von Produkten sowie durch die Öffnung nach außen. Im Projektunterricht werden Kinder als gleichberechtigte Partner ernstgenommen und erlernen Selbstorganisation und Selbstverantwortung. Projektunterricht zielt auf die „allseitige Entwicklung *aller* menschlichen Fähigkeiten und Interessen" (Gudjons 1997, S. 101) – es geht um Kompetenzentwicklung in den Bereichen deklaratives, prozedurales und metakognitives Wissen.

Lerntheoretisch gesehen ist das Lernen in Projekten an den Interessen und Bedürfnissen der Schülerinnen und Schüler orientiert, so dass sinnbestimmtes Lernen stattfinden kann, wenn die Kinder an für sie selbst wichtigen, interessierenden Themen arbeiten können. Dadurch sind die Schülerinnen und Schüler in höherem Maße mit der Zielsetzung identifiziert, als wenn ihnen Ziele fremdbestimmt vorgegeben werden. Hierdurch wiederum erhöht sich die Motivation, die Ziele zu erreichen, so dass die Anstrengungsbereitschaft zunimmt, wenn Lernende in für sich angemessenen Aufgabenfeldern und Anforderungsniveaus differenziert arbeiten und auch für leistungsschwächere Schüler Erfolge möglich sind. Insgesamt wird das Selbstvertrauen in die eigenen Fähigkeiten und die Bereitschaft, sich aktiv einzusetzen, gestärkt. Durch das konkrete Handeln wird darüber hinaus der Aufbau kognitiver Strukturen gefördert[24].

8.2 Projektorientierte Bildung für Nachhaltige Entwicklung umsetzen

Projektorientiertes Lernen beschreibt ein unterrichtsmethodisches Arrangement, das im Rahmen offenen Unterrichts an den Ideen der Projektmethode ausgerichtet ist. Nach Frey (1998) stellt die ‚Projektmethode' „ein Weg zur Bildung", eine „Form der lernenden Betätigung [dar], die bildend wirkt" (S. 14).

Das Lernen in Projekten ist seit seinen Anfängen in den Bauakademien des 17. Jahrhunderts an den Grundsätzen Wirklichkeitsorientierung, Schülerorientierung und Produktorientierung ausgerichtet (vgl. Oelkers 1999, S. 16), die bis heute die zentralen Prinzipien darstellen. In der weiteren Entwicklung der Projektidee hat insbesondere der amerikanische Philosoph und Pädagoge John Dewey (sowie sein Schüler William Heard Kilpatrick) zu Beginn des 20. Jahrhun-

---

[24] Vgl. zu Lehr-Lern-Konzepten ausführlich Einsiedler 2005.

derts den Projektunterricht weiter fundiert. In seinem Hauptwerk „Demokratie und Erziehung" von 1916 zeigt Dewey die zwei Seiten des wechselseitigen Wirkungsverhältnisses von Mensch und Welt auf: Erziehung ist hier die *persönliche* Seite dieses Prozesses im Sinne einer Höherentwicklung des *Individuums* und Demokratie meint die *politische* Seite im Sinne der *sozialen* Höherentwicklung (vgl. Gudjons 1997, S. 68). Nach Deweys Verständnis ist also Projekt-Lernen nicht nur eine bloße Methode handwerklichen Tuns, sondern eine Reaktion auf sich verändernde gesellschaftliche Verhältnisse. Er ging davon aus, dass Lernende über die praktische Auseinandersetzung mit alltäglichen Problemen zum Denken kommen, und prägte das viel zitierte Prinzip *learning by doing*. Die ‚denkende Erfahrung' sei die erkennende Auseinandersetzung des Menschen mit der Welt, sei der Weg, sich selbst und die Welt zu verändern. Grundlegend für diese Vorstellung ist das Recht des Menschen, seine kulturellen, sozialen, politischen und ökonomischen Verhältnisse selbst zu gestalten. In Bezug auf Lernen kann es nicht darum gehen, Wissen nur vom Einen zum Anderen weiterzugeben, sondern diese Ziele können nur erreicht werden, wenn Erkennen und Tun untrennbar miteinander verbunden sind und alle an einer gemeinsamen Tätigkeit beteiligt sind. Nach seinem politischen Verständnis müsse die junge Generation befähigt werden, Probleme aufzugreifen und zu lösen, deshalb müsse Lernen unmittelbar an der Lebenswirklichkeit ansetzen. Dass die Ideen des Projektunterrichts für BNE eine gehaltvolle Grundorientierung darstellen, liegt auf der Hand. Insbesondere der politische Anspruch hinter dieser Lernform ist für BNE richtungsweisend.

In den neueren Vorschlägen zum Projektunterricht sind Ziele, Merkmale und Schritte der Umsetzung weiter ausgeformt (vgl. Frey 1998; Gudjons 1997; Hänsel 1999). Die wesentlichen Merkmale sind:

- Ein Projekt ist von den Bedürfnissen und Interessen der Schülerinnen und Schüler her organisiert und überträgt Lernenden Verantwortung.

- Projektziele und -planung werden aufgrund gemeinsamer Entscheidungen aller Beteiligten aufgestellt und bei der Auseinandersetzung mit dem Sachverhalt auch gemeinsam revidiert, so dass soziales Lernen ermöglicht wird.

- Projektlernen orientiert sich an (exemplarischen) realen Problemen der Lebenswirklichkeit und ist deshalb ganzheitlich-komplex, interdisziplinär und fächerübergreifend zu inszenieren.

- Projekte sind immer praxisbezogen und ermöglichen das Lernen mit allen Sinnen: sie zielen im Sinne von Handlungsorientierung zugleich auf eine Wechselbeziehung zwischen Handeln und Reflexion.

- Projektlernen beschränkt sich in sozialer und räumlicher Hinsicht nicht auf Aktivitäten in der Klasse und hebt die regulären 45-Minuten-Einheiten auf.

- Das Projektziel ist in der Regel ein Produkt oder eine Aktion mit Gebrauchs- und Mitteilungswert (vgl. Gudjons 1997) und mit Rückwirkung auf die Lebenswirklichkeit.

Im Folgenden soll beispielhaft ein mögliches Vorgehen im Sinne projektorientierten Lernens entlang der grundlegenden Phasen nach Frey (1998) und Gudjons (1997) aufgezeigt werden. Wie oben erwähnt sollen Umsetzungsmöglichkeiten zum Thema Ernährung das Vorgehen veranschaulichen:

Organisatorischer Rahmen

Projekte werden in der schulischen Praxis häufig im Rahmen schulweit vorgesehener Projektwochen durchgeführt. Die Projektwoche findet allerdings im Verhältnis zum traditionellen Fachunterricht isoliert statt und verändert nicht grundlegend die Lernformen an der Schule, wenn sie z.b. am Ende des Schuljahres und nach Vergabe der Zeugnisse stattfindet. „Hier werden der hohe Wert des sozialen Lernens und des Lernens innerhalb von Projekten negiert. Das Projekt wird zu einem Betthupferl zum Schuljahresausklang degradiert." (Bunk 1990, S. 14). Daneben können Mini- bzw. Kurzprojekte (vgl. ebd.) über ein oder zwei Tage in überschaubarem zeitlichen Rahmen oder Langzeitprojekte, die schulhalb- oder schuljahresbegleitend parallel zum Fachunterricht stattfinden, durchgeführt werden. Insbesondere für die Einrichtung von Schülerfirmen stellen Langzeitprojekte den angemessenen organisatorischen Rahmen dar.

In Bezug auf die Arbeitsform ist im Vorfeld zu klären, ob die Initiative als Klassenprojekt, klassenübergreifendes Projekt oder Schulprojekt durchführbar ist. Organisatorische Aspekte sollten früh festgelegt werden. So müssen evtl. die Unterstützung von Eltern, Hausmeister, Externen etc. eingeholt, interne Absprachen getroffen oder Veranstaltungen gebucht werden.

Projektinitiative

In der Projektinitiative geht es darum, ein geeignetes, kind- und sachgerechtes BNE-Thema zu finden (vgl. Abschnitt 8.1). Im Sinne einer offenen Ausgangssituation (vgl. Frey 1998, S. 89 ff.) sollen im günstigsten Fall Schülerinnen und Schüler Ideen oder Betätigungswünsche äußern, aber auch die Lehrenden (oder außenstehende Personen) können Anregungen einbringen. Im Sachunterricht ist ein Thema dann begründbar, wenn es die Aufgaben und Ziele des Faches erfüllt und für die Förderung inhalts- und verfahrensbezogener Kompetenzen geeignet ist. Darüber hinaus werden die Vernetzung der Perspektiven des Sachunterrichts sowie fachübergreifend die Einbeziehung von Aufgaben anderer Unterrichtsfächer dem interdisziplinären Anspruch von Projekten wie auch der Dreidimensionalität von BNE gerecht. Im Sinne des didaktischen Prinzips der Problemorientierung soll das Thema einen Situationsbezug sowie eine gesellschaftliche Praxisrelevanz (vgl. Gudjons 1997) haben.

Im Anschluss an die Festlegung des übergreifenden Projektthemas werden in einem gemeinsamen Prozess von Lehrenden und Lernenden thematische Schwerpunkte gesammelt (z.B. Brainstorming) und festgehalten (z.B. Mind-Map).

Lehrende sollten sich auf das Projekt insofern vorbereiten, als sie mögliche Beiträge für das BNE-Thema aus den Perspektiven des Sachunterrichts und aus anderen Unterrichtsfächern sondieren.

Für das Thema „Gesunde Ernährung/Nachhaltiger Konsum" bieten sich unter Nachhaltigkeitsaspekten folgende Anknüpfungspunkte an[25]:

Sachunterricht: Was ist gesunde Ernährung?, Gesundes Frühstück, Nahrungsmittel/Nährstoffe, Schulgarten, Landwirtschaft (biologisch und konventionell, geschichtliche Entwicklung von Landwirtschaft), Arbeit früher und heute, Berufe rund um Lebensmittel (z.b. Landwirt, Müller, Molkereiangestellter, Logistikfachmann, Verkäufer, ...), Jahreszeiten und Wachstumsphasen, Saisonalität von Produkten/Jahreszeiten (Lebens- und Wachstumszyklen), Anbau und Verarbeitung von Lebensmitteln; Geschichte des Geldes, Taschengeld, Werbung, Konsum; Vergleiche mit anderen Ländern; demokratische Verfahren kennen lernen und üben (bei Schülerläden z.B. bei der Namensgebung von Produkten, des Ladens, Festlegung des Sortiments, Einteilung der Teams für Einkauf, Produktion und Verkauf), Festlegen von Regeln und Absprachen, Stärken- und Schwächen-Analyse der Schülerinnen und Schüler usw.

Mathematik: z.B. Geld (zählen und rechnen mit Geldeinheiten), Einnahmen und Ausgabenrechnung (einfache Buchführung), wiegen und messen von Lebensmitteln, Mengenberechnungen (z.b. bei Rezepten) usw.

Deutsch: z.B. Redewendungen, Gedichte und Geschichten/Märchen rund ums Essen, Erstellen von Kochbüchern/Rezepten, Gebrauchstexte, Erstellen der Texte von Flyern, Werbematerialien und Briefen usw.

Kunst: z.B. Werbung gestalten (Plakate, Flyer ...), Hinweisschilder und Informationstafeln ausarbeiten, Dekorationsmaterial für den Laden/Verkaufsstand herstellen usw.

Musik: z.B. Lieder zum Thema.

Sport: z.B. Lauf- und Bewegungsspiele (z.B. in Verbindung mit einer Rallye) usw.

In Hinblick auf die BNE-Relevanz des Themas sollten Lehrende diese Aspekte auf die Dimensionen Ökologie, Ökonomie, Soziales beziehen (bei der *ökologischen Dimension* z.B. Schulgarten, Nährstoffe ..., bei der *ökonomischen Dimension* z.B. Konsum, Buchführung ..., bei der *soziokulturellen Dimension* z.B. Ernährung in anderen Ländern, Regeln ...).

Projektplanung

Das schülerorientierte Vorgehen macht eine flexible Planung erforderlich, in der sowohl die Schülerinnen und Schüler ihre Ideen und Interessen einbringen können als auch ein reibungsloser Ablauf gewährleistet werden kann. Die Erstellung eines Projektplans dient der gemeinsamen Zielfindung und unterstützt das ziel-

---

[25] Die Auflistung stellt nur eine Auswahl dar und ist noch erheblich zu erweitern.

gerichtete Vorgehen. Durch die Auseinandersetzung mit der Projektinitiative einigen sich die Schülerinnen und Schüler auf das Projektziel, stellen Überlegungen zur Erreichung des Ziels an und halten die Arbeitsschritte fest. Frey (1998) schlägt hier ein zweistufiges Vorgehen vor: Der „Projektplan" wird auf der Grundlage einer zuvor erstellten „Projektskizze" erarbeitet. Für Kinder im Grundschulalter ist diese Differenzierung jedoch schwer zu realisieren, so dass von einem Projektplan ausgegangen werden sollte, der im weiteren Verlauf modifiziert und ergänzt werden kann.

Je nach Themenwahl und mit Unterstützung der Lehrkraft verständigen sich die Kinder in Gruppen oder im Klassenverband auf den Rahmen des Projektes und das Ziel (Endprodukt) und halten z.B. Möglichkeiten der Informations- und Materialsammlung, die Aufgabenverteilung, einzelne Tätigkeiten und Arbeitsschritte in ihrer Abfolge, den zeitlichen Rahmen, Verfahrensregeln, Produkterstellung usw. fest. Zusammengefasst soll der Projektplan darüber Auskunft geben, wer welche Tätigkeit wie, wann und wo durchführt. Den Lehrenden kommt hierbei die Aufgabe zu, die Lernenden in dieser Findungsphase beratend zu begleiten und Anregungen sowie ggf. Korrekturen vor allem in Hinblick auf die Machbarkeit der Vorhaben einzubringen.

Die Projektplanung zielt auf die Selbstverantwortung und Selbstorganisation der Kinder; sie müssen eigene Interessen benennen, argumentieren und Entscheidungsprozesse in der Gruppe mittragen.

Durchführung

Die praktische Durchführung des Projektes stellt zeitlich den Hauptteil und das eigentliche „Kernstück" (Frey 1998, S. 169) des Projekts dar. Die Schülerinnen und Schüler setzen sich handlungsorientiert mit ihrer Problemstellung auseinander und erarbeiten ihr Projektziel. Durch vielfältige Handlungsformen arbeiten die Kinder ganzheitlich und in sozialen Bezügen. Die Zusammenarbeit in Gruppen, die Koordination der Gruppenarbeiten zu einem Ganzen, Kommunikation und Interaktion sowie demokratische Verkehrsformen wie Interessenausgleich, Rücksichtnahme etc. stellen für Kinder eine nicht zu unterschätzende Herausforderung dar. Reflexionsphasen zum Stand der Arbeiten und zur Abstimmung in den Gruppen sollten bewusst eingesetzt werden. Diese Reflexionsphasen können nach Frey (1998, S. 185 ff.) als „Fixpunkt" oder „Metainteraktion" gestaltet werden. Während Fixpunkte als „organisatorische Schaltstellen" (S. 185) in erster Linie der gegenseitigen Information, der Mitteilung von Zwischenergebnissen und der Abstimmung des weiteren Vorgehens dienen, bezieht sich die Komponente Metainteraktion im Sinne eines „Zwischengespräch[s]" (S. 193) auf Beziehungsprobleme oder Schwierigkeiten im Ablauf und fordert in der Distanz zum Normal- und Hauptgeschehen zur Auseinandersetzung auf.

Projektabschluss

In den meisten Fällen findet das Projekt seinen Abschluss mit der Präsentation des Erarbeiteten. Nach Frey ist dies ein „bewusster Abschluss" (1998, S. 175 ff.), wenn das im Projektplan angezielte Produkt vorgestellt wird. Handlungsprodukte können inszeniert werden (z.B. Rollenspiel, Planspiel, Aufführung, Musik, Tanz, Podiumsdiskussion ...), sie können hergestellt werden (z.B. Wandzeitung, Collage, Modell, Texte, Zeitung, Bücher, Filme, Experimente ...) oder sie können zu weiteren, auch längerfristigen Vorhaben ausgeweitet werden (z.B. Ausstellungen, Kooperationen mit außerschulischen Gruppen wie z.B. Schulpatenschaften oder Spendenaktionen, Wettbewerbe, Durchführung und Nutzung im Rahmen von Gestaltungsaktivitäten wie beispielsweise Spielplatzgestaltung, Begrünungsaktionen ...).

Der Projektabschluss dient dazu, die erarbeitete Problemlösung an der Wirklichkeit zu überprüfen (vgl. Gudjons 1997), indem die Kinder ihre Produkte der Öffentlichkeit zugänglich machen. Im Sinne der gesellschaftlichen Praxisrelevanz von Projekten sollen nützliche Ergebnisse mit Gebrauchs- und Mitteilungswert erarbeitet werden.

Für die Durchführung künftiger Projekte ist es unerlässlich, in Form eines Rückblicks (vgl. Bunk 1990, S. 12) die individuellen Erlebnisse und Ergebnisse der Projektarbeit gemeinsam zu reflektieren und auszuwerten. Dabei sollte auf die Projektinitiative Bezug genommen werden.

In der Nachbereitung des Projektes sollten die gemachten Erfahrungen in systematische Zusammenhänge eingeordnet werden. Gudjons (2005, S. 406) weist darauf hin, dass Projekte grundsätzlich auf Vorbereitung, Ergänzung und Weiterführung durch andere Unterrichtsformen angewiesen ist. „Insbesondere der systematisch aufgebaute Lehrgang bleibt generell unverzichtbar (...)." (ebd.).

Für BNE mit Kindern ergibt sich daraus die Konsequenz, dass isolierte Einzelaktionen – wie sie zahlreich im Bereich von Natur-/Umweltbildung zu finden sind, z.B. Säuberung eines Baches oder Mülltrennung – in ihrem Bildungswert begrenzt sind. In methodischer Hinsicht bietet das projektorientierte Lernen Potentiale, Kindern Partizipationsmöglichkeiten zu eröffnen und BNE-relevante (Teil-) Kompetenzen zu fördern (vgl. Hauenschild, Kap. 2 in diesem Band). Auf inhaltlicher Ebene soll sich nicht nur bei der Themensammlung in der Projektinitiative und schließlich der Realisierung des Projektes die Mehrdimensionalität Nachhaltiger Entwicklung widerspiegeln; auch im vor- und/oder nachbereitenden Unterricht soll den didaktisch-methodischen Prinzipien von BNE Rechnung getragen werden.

In den folgenden Abschnitten werden die Unterrichtsbausteine und Materialien der dieser Handreichung beiliegenden CD didaktisch eingeordnet und vorgestellt.

8.3 Unterrichtsbausteine - Vorschau auf die Materialien der CD

Den Ausgangspunkt für die Unterrichtsbausteine und ihre Einzelmaterialien bilden Themenschwerpunkte, die im Bereich nachhaltigkeitsorientierter ökonomischer Bildung angesiedelt sind. Kinder begegnen in ihrer Lebenswelt immer wieder ökonomisch geprägten Situationen, sie sind bereits Akteure in der Wirtschaft und haben altersgemäße Vorstellungen zu ökonomischen Sachverhalten (vgl. Moll 2001; Gläser 2002; vgl. Bolscho, Kap. 1 und Hauenschild, Kap. 2 in diesem Band). Es ist daher wichtig, ökonomische Bildung in den Grundschulunterricht zu integrieren und an die Vorerfahrungen der Schüler anzuknüpfen, um ihnen die entsprechenden Handlungskompetenzen im Umgang mit ökonomisch geprägten Lebenssituationen zu vermitteln. Eine besondere Rolle sollte dabei der Blick auf verantwortungsvolles zukunftsfähiges Wirtschaften spielen, hierfür bietet Bildung für Nachhaltige Entwicklung (BNE) einen adäquaten Referenzrahmen (vgl. Hauenschild/Bolscho 2007). In diesen Kontext ist das Unterrichtsmaterial auf der CD in Form von Bausteinen eingebettet. Die Bausteine wurden im Rahmen des Projektes *Nachhaltiges Wirtschaften erfahren an Grundschulen* entwickelt. Abgesehen von Unterrichtsmaterialien, in denen die „gängigen" Themen ökonomischer Bildung behandelt werden (vgl. u.a. Schwier 2002; Kiper 2008; Weißeno, Götzmann & Schlemminger 2008), sind diese Bausteine in den Kontext von BNE gestellt und vermitteln somit ökonomische Bildung in globaler Vernetzung mit sozio-kulturellen und ökologischen Bezügen. Die Bausteine sind zwar grundsätzlich auf den (vorbereitenden) Einsatz im Rahmen von Schülerlädenprojekten ausgelegt, lassen sich aber auch unabhängig von spezifischen Projekten im Regelunterricht einsetzen.

Die Bausteine sind mittels einer Rahmengeschichte miteinander verbunden und bauen teilweise auf den in vorangegangenen Bausteinen aufgebauten Kenntnissen auf, sie lassen sich jedoch auch separat und in anderer Reihenfolge verwenden. Dabei ist Aufbau der einzelnen Bausteine immer gleich: Zunächst werden Sachinformationen zum jeweiligen Bausteinthema gegeben, danach folgen didaktisch-methodische Hinweise. Anschließend findet sich eine tabellarische Übersicht der Materialien innerhalb des Bausteins mit Hinweisen auf Klassenstufe, Unterrichtsphasen und Zeit. Ebenfalls gehen hieraus mögliche Lerninhalte sowie die Relevanz für BNE hervor. Nach Hinweise zu Quellenangaben und weiterführender Literatur folgen die Unterrichtsmaterialien. Als Materialien finden sich dann u.a. Arbeitsblätter mit verschiedenen Handlungsaufforderungen, Geschichten, (Rollen-)Spielen, Lieder, Rätsel etc., die jeweils einheitlich durch Symbole gekennzeichnet sind.

Generell gilt, dass es sich um eine Material- und Ideensammlung handelt, die Lehrerinnen und Lehrer bei der Umsetzung nachhaltigkeitsorientierter ökonomischer Bildung unterstützen sollen. Da es sich nicht um „fertige" Unterrichtseinheiten handelt, ist der Einsatz der einzelnen Materialien flexibel und in ihrer Angemessenheit für die jeweilige Lernsituation zu entscheiden.

Im Folgenden werden die einzelnen Bausteine kurz beschrieben und anschließend für den besseren Überblick in einer Übersicht in die fünf Inhaltsfelder ökonomischer Bildung *Geld, Konsum, Arbeit/Produktion, Wettbewerb* und *Armut/Reichtum* (vgl. Hauenschild 2008) sowie in die drei Dimensionen Nachhaltiger Entwicklung eingeordnet.

Baustein *Geld*

In diesem Baustein wird zunächst in die Rahmengeschichte eingeführt, indem die handelnden Charaktere vorgestellt werden – allen voran die kleine Marlies und ihr sprechendes Sparschwein Hela, das sie von ihrer Tante aus Spanien erhalten hat.

Die Materialien thematisieren die Entstehungsgeschichte des Geldes, frühe Formen von Geld (z.B. Muscheln), den Tauschhandel als Alternative zu heutigem Geld und mögliche Auswirkungen von Geld auf unsere Gesellschaft. Die Schüler sollen also zunächst näher mit dem Tauschmittel vertraut gemacht werden, welches unser/ihr Leben in vielen Bereichen beeinflusst bzw. bestimmt.

Der BNE-Bezug ist in diesem einführenden Baustein nicht in allen Dimensionen gegeben, vor allem werden die ökonomische sowie die sozio-kulturelle Dimension angesprochen.

Baustein *Umgang mit Geld*

Der Baustein *Umgang mit Geld* knüpft direkt an den Baustein *Geld* an. Es wird hier jedoch schwerpunktmäßig auf eine sorgsame Verwaltung von Geld, z.B. durch einfache Buchhaltung eingegangen. Zudem wird mittels einer Kurzgeschichte und dazugehöriger Aufgaben die Schuldenproblematik angesprochen. Den dritten Bereich dieses Bausteins bildet das Thema *Bank*, zu dem sich zahlreiche Materialien auf der CD befinden. Dieser dritte Bereich ist insofern relevant, als Kinder über Banken und die dortige Geldaufbewahrung vielfach Fehlvorstellungen haben (vgl. Webley 2005).

Die ökonomische und die sozio-kulturelle Dimension von BNE stehen auch in diesem Baustein im Vordergrund.

Baustein *Arbeit*

Die Materialien in diesem Baustein sollen die Vermittlung des weiten Themenfeldes *Arbeit* unterstützen. Neben traditionellen Bereichen dieses Themenfeldes, wie z.B. *Maschinen erleichtern die Arbeit* oder *Fließbandarbeit*, widmen sich die Materialien jedoch auch gesellschaftlichen Problemen, wie dem Bereich *Arbeitslosigkeit* oder *Kinderarbeit*. Hierdurch stellen sie einen Bezug zum Themenkomplex *Armut/Reichtum* her und spiegeln zentrale Punkte der sozio-kulturellen Dimension von BNE wider. Auch die Thematik Berufe und Berufswahl findet Eingang in die Materialien und knüpft an die Forderung an, über eine bloße Berufskunde hinauszugehen (vgl. u.a. Kiper 1996, S. 110). So werden u.a. Veränderungen im Berufsleben und Negativaspekte der Berufswahl, wie z.B. Schichtarbeit, problematisiert.

Zentral sind auch in diesem Baustein die ökonomische und die soziokulturelle Dimension von BNE vertreten. Die ökologische Dimension findet sich in den Materialien zu Umweltveränderungen durch menschliche Arbeit wieder.

Baustein *Unsere Welt*

Im Zentrum dieses Bausteins stehen der Themenschwerpunkt *Globalisierung* und die damit verbundenen Probleme. Als Aufhänger dient hier Marlies' kleines Sparschwein Hela, welches in China hergestellt wurde und über mehrere Stationen in verschiedenen Ländern nach Deutschland gelangte. Anhand eines fiktiven, im Sparschwein versteckten, Briefes erhalten die Kinder Kenntnis über mögliche Arbeitsbedingungen in anderen Ländern, die sie mit den in Deutschland vorherrschenden Bedingungen vergleichen sollen – hierdurch ist u.a. eine Verknüpfung zum Baustein *Arbeit* gegeben. Auf das Themenfeld *Armut/Reichtum* der ökonomischen Bildung und somit auch auf einen weiteren Kernbereich der soziokulturellen Dimension von BNE wird in diesem Baustein mit Material und praktischen Anregungen zur Verteilungsgerechtigkeit eingegangen. Ebenfalls in diesen Themenkomplex, im Rahmen global vernetzter Warenströme, gehören Materialien zum Thema Kakao (Stationenlernen).

BNE findet sich im Baustein *Unsere Welt* in vollem Umfang wieder. Die angesprochenen Themen verstehen sich vor allem unter dem Aspekt Globalität und Vernetzung unter den drei Dimensionen, auf spezielle Weise wird dies mit den vorhandenen Karikatur-Materialien verdeutlicht. In diesem Zusammenhang sollte auch ein Material zum Schülerladen besondere Erwähnung finden, welches die Möglichkeit zum Lösungsbeitrag eines Schülerladens zu BNE-relevanten Problemen thematisiert.

Baustein *Wir*

Die Förderung von Sozialkompetenz steht im Mittelpunkt des Bausteins *Wir*, der direkt an den Baustein *Unsere Welt* anschließt. Die Materialien sollen die Schülerinnen und Schülern dazu anregen, sich über die Verschiedenheit von Menschen bewusst zu werden und zu erkennen, dass jeder Mensch Stärken und Schwächen besitzt. Im Hinblick auf den Schülerladen soll dieser Baustein die Teambildung fördern und den Schülern verstehen helfen, dass die unterschiedlichen Stärken der einzelnen Teammitglieder genutzt werden können, um gemeinsam besser voran zu kommen. Eine Besonderheit in diesem Baustein ist das *Prioritätenspiel*. Es soll demokratische Umgangsformen erlernen helfen und die Argumentationsfähigkeit und den Willen zur Meinungsäußerung der Schülerinnen und Schüler fördern.

Daraus ergibt sich, dass in diesem Baustein vor allem die sozio-kulturelle Dimension von BNE angesprochen wird, die auf den Kontext der ökonomischen Dimension bezogen ist.

Baustein *Ideen*

Dieser Baustein lässt sich gut mit dem Baustein *Unsere Welt*, speziell dem dortigen Material zum Schülerladen als Lösungsbeitrag zu BNE-relevanten Problemen, verknüpfen. Mit dem Material in diesem Baustein soll den Schülerinnen und Schülern die Möglichkeit gegeben werden, weitere *Ideen* zu erarbeiten, durch einen Schülerladen einen Beitrag zur Nachhaltigen Entwicklung zu leisten. Vor allem das Themenfeld (nachhaltiger) *Konsum* wird innerhalb dieses Bausteins primär behandelt. Die Schülerinnen und Schüler erarbeiten hier Möglichkeiten, inwiefern nachhaltiger Konsum bzw. ein Angebot nachhaltiger Produkte von Bedeutung ist. So werden die Haltbarkeit eines Produktes und seine Herstellung aus natürlichen bzw. nachwachsenden Rohstoffen (z.b. Bio-Produkte) thematisiert. Die Schülerinnen und Schülern sollen weiterhin eigene Produktideen für ihren Schülerladen erarbeiten, welche sich an zuvor thematisierten Kriterien orientieren und damit den Prinzipien Nachhaltiger Entwicklung entsprechen.

In den Materialien des *Ideen*-Bausteins finden sich hauptsächlich die ökonomische sowie die ökologische Dimension wieder. Ganz im Retinitäts-Gedanken des Nachhaltigkeitskonzeptes (vgl. Hauenschild/Bolscho 2007) bieten sich aber durchaus auch Anknüpfungspunkte zur sozio-kulturellen Dimension.

Baustein *Preis*

In diesen Materialien geht es um die Thematik *Preis* und *Preisbildung*. Dieser Baustein hat ebenfalls eine besondere Bedeutung innerhalb eines Schülerladenprojektes, da die Schüler dort selbst die Preise ihrer Produkte kalkulieren sollen. Den Rahmen der Materialien bilden in diesem Baustein exemplarisch der Rohstoff Milch und die damit hergestellte Produkte. Die auf der CD vorliegenden Materialien sollen den Schülerinnen und Schülern vor allem die Preiskalkulation vereinfachen und veranschaulichen, wie sich Preise durch Angebot und Nachfrage sowie Kosten verändern. Um in diese Thematik einzuleiten, sind Besuche bei produzierenden Betrieben und Expertenbefragungen durch die Schülerinnen und Schülern eine sinnvolle Möglichkeit (hier: Besuch beim Milchbauern). Für eine funktionierende Preiskalkulation ist zudem eine ordentliche Buchführung notwendig, auch hierfür bietet der Baustein *Preis* geeignetes Material.

Wie bereits im Baustein *Geld* konzentrieren sich die Materialien eher auf die ökonomische Dimension von BNE. Durch eine geschickte Auswahl der Produkte, für die ein Preis kalkuliert werden soll, den Besuch eines zertifizierten Bio-Hofes bzw. die Anwendung auf die eigenen Produkte im nachhaltigen Schülerladen, entsteht jedoch auch der entsprechende Bezug zur sozio-kulturellen und zur ökologischen Dimension.

Baustein *Produktion*

Im Baustein *Produktion* wird Material zur Verfügung gestellt, welches grundsätzliche Fragen zum Produktionsprozess sowie zu weiteren betriebswirtschaftlichen Überlegungen thematisiert. Auch dieser Baustein bietet sich besonders zur Vorbereitung eines Schülerladenprojektes an. Gute Anknüpfungsmöglichkeiten bieten sich hier auch zum Baustein *Arbeit*. Anhand von Arbeitsblättern und praktischen Anregungen soll es zunächst möglich werden, den Schülerinnen und Schülern die Vorteile der Arbeitsteilung aufzuzeigen. Es schließen sich Materialien an, welche grundlegende betriebswirtschaftliche Aspekte aufgreifen (z.b. Arten von Betrieben oder Aufgaben/Abteilungen in Betrieben). Die für den Produktionsprozess und anschließenden Vertrieb der Produkte wichtigsten Abteilungen – auch für einen Schülerladen – (Einkauf, Lager/Versand, Produktion, Qualitätskontrolle und Verkauf) sollen mit weiteren Materialien erarbeitet werden. Als weitere Materialien enthält dieser Baustein Arbeitsblätter und Anregungen zum Bereich Marktforschung, Angebot und Nachfrage, Verkaufsanalyse und Werbung. An dieser Stelle ist eine logische Verknüpfung zu den Bausteinen *Preis* und *Ideen* gut möglich.

Wie bei den anderen Bausteinen auch, steht die ökonomische Dimension von BNE im Vordergrund, doch auch bei den hier enthaltenen Materialien lassen sich Vernetzungsbeispiele zu den beiden anderen Dimensionen sinnvoll herstellen. Als eine Möglichkeit sei an dieser Stelle die Schonung von Ressourcen (z.B. Abfallvermeidung oder Energiesparen) genannt.

Baustein *Gewinn*

Den Bogen zum ersten Baustein *Geld* spannt abschließend der Baustein *Gewinn*. Dieser lässt sich besonders gut zu einem fortgeschrittenen Zeitpunkt des Schülerladenprojektes integrieren, wenn bereits ein erster Gewinn von den Schülerinnen und Schülern erarbeitet wurde. Es ist auch möglich, diesen Baustein an anderer Stelle einzusetzen, wenn es z.B. um Vorüberlegungen zur Verwendung des erwirtschafteten Geldes geht. Dieser Aspekt steht in den Materialien an zentraler Position. So sollen den Schülerinnen und Schülern auch Möglichkeiten aufgezeigt werden, ihr Geld zu wohltätigen/gemeinnützigen Zwecken einzusetzen bzw. zu der Erkenntnis zu gelangen: Gewinn allein ist nicht alles.

Auch in diesen Materialien spielt die ökonomische Dimension eine zentrale Rolle; doch gerade der verantwortungsvolle Umgang mit Geld/Gewinn ist im Sinne von Verteilungsgerechtigkeit und damit der soziokulturellen Dimension von BNE ein wichtiger Aspekt. Die ökologische Dimension ist in diesem Baustein nicht primär angesprochen, kann jedoch bei der Verwendung des Gewinns, z.B. als Spende an ein Regenwaldprojekt, ebenso einen sinnvollen Anknüpfungspunkt bieten.

Einordnung der Unterrichtsbausteine in Themen ökonomischer Bildung und Dimensionen Nachhaltiger Entwicklung

Bausteine	Geld	Konsum	Arbeit	Wettbewerb	Armut	BNE-Bezug teils	BNE-Bezug voll	ökonomisch	sozio-kulturell	ökologisch
1. Geld	x	x	x	x		x		x	x	
2. Umgang mit Geld	x					x		x	x	
3. Arbeit	x		x		x		x	x	x	x
4. Unsere Welt	x	x	x	x	x		x	x	x	x
5. Wir			x			x			x	
6. Ideen		x	x				x	x	x	x
7. Preis	x	x	x	x	x		x	x	x	x
8. Produktion		x	x	x			x	x	x	x
10. Gewinn	x			x	x		x	x	x	x

8.4 Literatur

Birnbacher, Dieter (1988): Verantwortung für die zukünftige Generation. Stuttgart
BLK „21" (2003): Präambel und Empfehlungen/Richtlinien zur „Bildung für eine nachhaltige Entwicklung" in allgemeinbildenden Schulen. Berlin.
BMBF – Bundesministerium für Bildung und Forschung (2002): Bericht der Bundesregierung zur Bildung für eine nachhaltige Entwicklung. Berlin.
Bunk, Hans-Dieter (1990): Zehn Projekte zum Sachunterricht. Frankfurt/M.
Einsiedler, Wolfgang (2005): Lehr-Lern-Konzepte für die Grundschule. In: Einsiedler, W. u.a. (Hrsg.): Handbuch Grundschulpädagogik und Grundschuldidaktik. Bad Heilbrunn, S. 373-385.
Frey, Karl (1998): Die Projektmethode. Weinheim und Basel, 8. Aufl.
GDSU – Gesellschaft für Didaktik des Sachunterrichts (2002): Perspektivrahmen Sachunterricht. Bad Heilbrunn.
Gläser, Eva (2002): Arbeitslosigkeit aus der Perspektive von Kindern, Bad Heilbrunn.
Gudjons, Herbert (1997): Handlungsorientiert lehren und lernen. Bad Heilbrunn, 5. Aufl.
Gudjons, Herbert (2005): Projektorientiertes Lernen. In: Einsiedler, W. u.a. (Hrsg.): Handbuch Grundschulpädagogik und Grundschuldidaktik. Bad Heilbrunn, S. 402-407.
Hänsel, Dagmar (Hrsg.) (1999): Projektunterricht. Weinheim, 2. Aufl.
Hauenschild, Katrin; Bolscho, Dietmar (2007): Bildung für Nachhaltige Entwicklung in der Schule – Ein Studienbuch. Frankfurt/M., 2. Aufl.
Hauenschild, Katrin (2006): Didaktik der Umweltbildung. Universität Rostock.
Hauenschild, Katrin (2008): Nachhaltige Entwicklung praxisorientiert erfahren – Chancen für ökonomische Bildung in der Grundschule. In: Grundschulunterricht Sachunterricht, 4, S. 10-12.
Kiper, Hanna (1996): Konzeptionen ökonomischen Lernens, In: George, S.; Prote, I. (Hrsg.) (1996): Handbuch zur politischen Bildung in der Grundschule. Schwalbach/Ts., S. 99-120.
Kiper, Hanna (2008): Produktion und Arbeit. In: Demokratie verstehen lernen – Elf Bausteine zur politischen Bildung in der Grundschule. Bonn, S. 73-90.
Moll, Andrea (2001): Was Kinder denken. Zum Gesellschaftsverständnis von Schulkindern. Schwalbach/Ts.
Niedersächsisches Kultusministerium (Hrsg.) (2006): Kerncurriculum für die Grundschule, Schuljahrgänge 1-4, Sachunterricht.
Oelkers, Jürgen (1999): Geschichte und Nutzen der Projektmethode. In: Hänsel, D. (Hrsg.): Projektunterricht. Weinheim, 2. Aufl., S. 13-30.
Robertson, Roland (1998): Glokalisierung: Homogenität und Hetegorenität in Raum und Zeit. In: Beck, U., (Hrsg.): Perspektiven der Weltgesellschaft. Frankfurt/M., S. 192-220.
Schwier, Volker (2002): Konsumbildung – Vom Taschengeld zum Lebensstil. In: Richter, D. (Hrsg.): Gesellschaftliches und politisches Lernen im Sachunterricht. Bad Heilbrunn.
Weißeno, Georg; Götzmann, Anke; Schlemminger, Gérald (2008): Interessenkonflikte: Neue Arbeitsplätze in Markendorf. In: Bundeszentrale für politische Bildung: Demokratie verstehen lernen – Elf Bausteine zur politischen Bildung in der Grundschule. Bonn, S. 91-108.
Webley, Paul (2005): Children's understanding of economics. In: Barrett, M.; Buchanan-Barrow, E. (eds.): Children's understanding of society. Hove, Nex York: Psychology Press, S. 43-67.

9. „Recht und billig " – abschließende Bemerkungen zur ökonomischen Grundbildung mit Kindern

Dietmar Bolscho

Dass Kinder an lebensweltbezogenen Beispielen Erfahrungen mit Ökonomie machen und dabei auch eigene Vorstellungen zur Ökonomie entwickeln, ist nicht nur aus der relevanten Forschung bekannt (vgl. Hauenschild Kapitel 2.3 in diesem Band), sondern konnte auch im Projekt *Nachhaltiges Wirtschaften erfahren an Grundschulen* untermauert werden (vgl. Lampe, Kap. 6 in diesem Band). Diese Vorstellungen von Kindern zur Ökonomie folgen auf den ersten Blick nicht den gängigen ökonomischen Erklärungen, und sie sind auch nicht immer ‚richtig', wie aufgeklärte Erwachsene sogleich erkennen. Aber steckt in ihnen auf den zweiten Blick nicht ein Fünkchen Wahrheit und geben sie nicht Anlass zum Nachdenken über Ökonomie, vor allem wenn Ökonomie in den Referenzrahmen von Nachhaltiger Entwicklung gestellt wird?

Wir greifen nochmals auf die Geschichte in Kapitel 2 (vgl. Hauenschild Kap. 2 in diesem Band) zurück, die Kindern vorgelegt wurde und zu der sie gebeten wurden, sich zu äußern (vgl. Moll 2001, S. 77 ff.). War den Kindern das Handeln der Personen „recht und billig"?

> Beim Einkaufen in einem Lebensmittelgeschäft hörte die neunjährige Elke, wie der Vertreter einer Schokoladenfabrik zu dem Kaufmann sagte: ‚Ich verkaufe Ihnen die Schokolade heute sehr billig. Jede Tafel kostet nur 30 Cent'. ‚Das ist ja prima', dachte Elke. ‚So billig habe ich noch nie Schokolade kaufen können'. Und sie bat den Kaufmann um eine Tafel für 30 Cent. Der Kaufmann antwortete zu Elkes Überraschung: ‚Für Dich kostet die Tafel Schokolade 60 Cent'. Elke fand das ungerecht.

Die ursprüngliche Intention der sprichwörtlichen Redensart „Recht und billig" war, dass ein Handeln den allgemeinen Rechtsgrundsätzen entspricht, dass es angemessen ist, weil es im rechtlichen Sinne kodifiziert ist und dadurch im weiteren Sinne gerecht. *Billig* meinte also ein Handeln, das dem natürlichen Rechtsempfinden entspricht (vgl. Röhrich 1994, S. 1233). Aus der Bedeutung ein *billiger* Preis wurde erst im 18. Jh. ein *niederer* Preis. Dieser Bedeutungswandel hin zu billig als etwas Minderwertigem überlagert sich heute mit der ursprünglichen Bedeutung.

Diese Überlagerung wird an dem sog. „Schnäppchenjäger" deutlich: Er sucht primär nach billigen Produkten, die aber, zumindest aus der Wahrnehmung des „Schnäppchenjägers", nicht unbedingt minderwertig sein müssen. Im Gegenteil: Für den „Schnäppchenjäger" hat der Erwerb besonders günstiger Produkte einen besonders hohen Wert. Im Wechselspiel zwischen Konsumenten, Produzenten und Anbietern von Waren und Dienstleistungen sind Sonderangebote eine Marktstrategie, die sich vom Image des Minderwertigen befreit hat, die sich eingebürgert hat und in der doppelten Bedeutung „recht und billig" ist.

Zurück zum Kaufmann: Auch er hat im ursprünglichen Sinne der Redensart recht und billig gehandelt, da er akzeptierten und notwendigen Prinzipien wirtschaftlichen Handelns folgt, indem er für seine Waren dem Großhandel weniger bezahlt; nur durch seinen höheren Preis kann er auch einen persönlichen Gewinn erwirtschaften und seine Kosten decken. Die Ungerechtigkeit, die die neunjährige Elke darin sieht, obwohl aus der Sicht des Kaufmanns und im Sinne des Wettbewerbs faktisch falsch, führt auf den zweiten Blick dennoch zu einer Grundfrage ökonomischen Handelns: Kann Ökonomie überhaupt gerecht sein? Oder aus der Perspektive der Geschichte: Welche Gewinnspanne ist für den Kaufmann gerecht? Und vor allem: Wer profitiert von der Gewinnspanne? Und welcher Preis ist dann aus der Sicht des Konsumenten gerecht?

Ökonomie ist, allgemein gesprochen, dann gerecht, wenn die an wirtschaftlichen Prozessen Beteiligten aus ihrer Sicht angemessen an Gewinnen (z.B. durch Lohnerhöhungen) beteiligt werden. Dies muss nicht bedeuten, dass für alle Beteiligten die gleiche Gewinnbeteiligung erwartet wird, denn Menschen haben ein Empfinden dafür, dass es unterschiedliche Leistungen von Menschen gibt, die sich in unterschiedlichen Gewinnbeteiligungen zeigen. Von Auswüchsen der unterschiedlichen Gewinnbeteiligungen sehen wir hier einmal ab, wie auch von der globalen Perspektive, in der z.B. die Verteilungsungleichheit zwischen stark industrialisierten und weniger entwickelten Ländern der Erde zu thematisieren wäre.

In Schülerläden kann eine Ebene von Verteilungsgerechtigkeit erfahren werden, indem Kinder die Gewinne ihres Schülerladens für das Gemeinwohl verwenden, z.B. für die Klasse, die ihre Gewinne in Dinge investiert, von denen alle etwas haben, etwa Klassenfahrten, Anschaffungen für die Klasse oder die Schulgemeinschaft. Die Verteilungs*gerechtigkeit* ist hier also geregelt.

In der gesellschaftlichen Realität ist die Situation komplexer: Gewinne zu erwirtschaften und sie dann gerecht zu verteilen, ist in demokratischen Gesellschaften ein oft harter Interessenkonflikt zwischen den am Wirtschaftsprozess beteiligten Gruppen. Im günstigeren Falle gibt es etwas zu verteilen, im schlechteren Falle gibt es wenig zu verteilen, weil – der traditionellen ökonomischen Lehre zufolge – eine Voraussetzung gegeben sein muss: Firmen müssen, um Gewinn zu erzielen, Wachstum anstreben, indem sie mehr produzieren und mehr verkaufen und dadurch den Beschäftigten den Arbeitsplatz erhalten und eventuell mehr Lohn bezahlen können. Dies wird oft mit der Theorie des quantitativen Wachstums begründet.

Im Leitbild Nachhaltige Entwicklung (NE) stößt quantitatives Wachstum an Grenzen, weil der Verbrauch an Ressourcen dadurch mitwächst und die Belastbarkeit des Planeten durch den ständig steigenden, weltweiten Ressourcenverbrauch überschritten wird. In der neuen Studie des Wuppertal Instituts für Klima, Umwelt, Energie wird die kritische Frage gestellt: „Hält denn Wachstum, was es verspricht?" Die Antwort für industrialisierte Staaten ist eindeutig: Ein geringerer Ressourcenverbrauch „ist in einem Land wie Deutschland auf Dauer wahrscheinlich nicht mit erheblichem Wirtschaftswachstum vereinbar"

(BUND et al., 2008, S. 109). Die Autoren der Studie sehen auch, wie schwer diese Erkenntnis den Menschen zu vermitteln ist: „Für eine Wachstumsgesellschaft indessen ist die Aussicht auf weniger Wachstum oder gar Schrumpfung ein Schreckgespenst" (ebd.). Im Hinblick auf die Länder des Südens bezeichnet die Wuppertal-Studie diese, meist als ‚nachholende Entwicklung' bezeichneten Prozesse als „Aufholjagd in den Abgrund" (ebd., S. 64). Aus Sicht Nachhaltiger Entwicklung muss quantitatives Wachstum daher in qualitatives Wachstum übergehen, das Wachstum und Zukunftsfähigkeit miteinander versöhnt. Die Frage, so weiter in der Studie, werde sich nicht umgehen lassen: „Wie viel ist genug?" (S. 233). Aus religionspädagogischer Sicht hat Noormann (2008) darauf hingewiesen, dass im „Erlös aus Arbeit, Glücksspiel, Kapital, Vermögen und Spekulation (…) die Verheißung auf Erlösung aus den Beschwerlichkeiten des Lebens" (S. 95) stecke und bezeichnet den „Warenmarkt" als einen „profanen Kult" (S. 101).

Im Projekt *Nachhaltiges Wirtschaften erfahren an Grundschulen* und für die in diesem Rahmen eingerichteten und praktizierten Schülerläden ist es ein zentrales Leitbild, dass Kinder nicht allein um der Gewinne willen produzieren und Dienstleistungen anbieten, sondern ökonomisches Handeln in den Kontext von Nachhaltiger Entwicklung stellen. Die Gewinn-Perspektive darf dabei allerdings nicht aus den Augen verloren werden; sonst wären die Schülerläden idealistische Planspiele, die sie nicht sein wollen: Der „Ernstcharakter des Tuns" ist für Schülerfirmen wesentlich, und zum Ernstcharakter gehört die Gewinnperspektive, die aber nicht dominierende Perspektive sein soll. Sondern: *Nachhaltigen Wirtschaften erfahren* ist in die Mehrdimensionalität von Nachhaltiger Entwicklung eingebunden: es geht um die Vernetzung von Ökologie, Ökonomie und Gesellschaft und die Einbindung dieser Dimensionen in den globalen Kontext.

Was „recht und billig" ist, erhält mit dieser Einbindung noch weitere Perspektiven. Nimmt man als Beispiel den Bereich nachhaltigen Konsum, so ist es sicherlich „recht", also angemessen, Bio-Produkte zu kaufen, die von regionalen Anbietern stammen, und weniger, oftmals billigere Produkte aus fernen Regionen nicht zu kaufen, um die Umweltbelastungen durch lange Transportwege zu reduzieren. Regionale Produkte sind in der Regel meist teurer. Der Mehrpreis könnte durch Reduzierung des Konsums ausgeglichen werden. Im Nachhaltigkeitssinne würde dieses als Suffizienzstrategie bezeichnete Konsumverhalten das quantitative Wachstum bremsen. Die Suffizienzstrategie überlagert sich mit weiteren, für das individuelle Handeln relevanten Herausforderungen. Eine davon ist das sog. *Trade-off*-Problem, d.h. die Unvereinbarkeit von zwei Zielen, wenn die Verfolgung des einen Ziels zu Lasten des anderen geht. Im Falle des nachhaltigen Konsums kann man davon ausgehen, dass der Kauf qualitativerer, also nachhaltigkeitskonformerer Produkte teurer ist. Da die meisten Konsumenten, je nach ökonomischer Lage, über ein begrenztes Ausgabebudget verfügen können, müssen sie bisweilen auf diese Produkte verzichten (vgl. de Haan u.a. 2008, S. 207). Dies wäre gewissermaßen die ökonomisch begründete Suffizienzstrategie: Nicht jeder kann sich nachhaltige Produkte leisten! „Recht und billig" ist also sowohl im ursprünglichen als auch im heutigen alltagssprachlichen Sinne und allemal im Kontext Nachhaltigen Wirtschaftens ein komplexes Geflecht. Der o.g. „Schnäppchenjäger" könnte einen Ausweg aus diesem Geflecht finden, wenn er zum nachhaltigkeitsbewussten „Schnäppchenjäger" würde; er suchte dann nicht nach dem „Preis-Schnäppchen", sondern nach dem „Bio-Schnäppchen".

Ob das Projekt *Nachhaltiges Wirtschaften erfahren an Grundschulen* in allen Bereichen dieser Komplexität gerecht zu werden vermochte, mag dahingestellt sein. Wenn aber die eingangs zitierte neunjährige Elke durch das Mitwirken in einem Schülerladen erfahren hätte, dass nachhaltiges Wirtschaften auch auf der individuellen Ebene möglich ist, dann würde sie das Verhalten des Kaufmanns, der ihr die Tafel Schokolade nicht für den Einkaufspreis von 30 Cent verkaufen wollte, wohl als „recht und billig" betrachten; und Elke würde auch ein Gespür dafür bekommen, dass es für (Schüler-) Läden nicht nur darauf ankommt, möglichst viel zu verkaufen, sondern sich auch dafür verantwortlich fühlen, was verkauft wird.

Literatur

BUND – Bund für Umwelt und Naturschutz Deutschland; Brot für die Welt; evangelischer Entwicklungsdienst (Hrsg.) (2008): Zukunftsfähiges Deutschland in einer globalisierten Welt. Ein Anstoß zur gesellschaftlichen Debatte. Eine Studie des Wuppertal Instituts für Klima, Umwelt, Energie. Frankfurt/M.

De Haan, Gerhard; Kamp, Georg; Lerch, Achim; Martignon, Laura; Müller-Christ, Georg; Nutzinger, Hans-G. (Hrsg.) (2008): Nachhaltigkeit und Gerechtigkeit. Grundlagen und schulpraktische Konsequenzen. Heidelberg.

Moll, Andrea (2001): Was Kinder denken. Zum Gesellschaftsverständnis von Schulkindern. Schwalbach/Ts.

Noormann, Harry (2008): Geld und Gott –ökonomische Alphabetisierung in religiöser Bildung. In: Bolscho, Dietmar; Hauenschild, Katrin (Hrsg.): Ökonomische Bildung mit Kindern und Jugendlichen. Frankfurt/M., S. 94-106.

Röhrich, Lutz (2006): Lexikon der sprichwörtlichen Redensarten. Freiburg, 7. Aufl.

Autorinnen und Autoren

Dietmar Bolscho, Prof. em. Dr.
1981-2008 Professor an der Philosophischen Fakultät der Universität Hannover. Schwerpunkte in Lehre und Forschung: Bildung für Nachhaltige Entwicklung, Interkulturelle Pädagogik, Ökonomische Bildung, Sachunterricht, Lehr-Lern-Forschung.

Rolf Dasecke
Mitglied der nds. Landeskoordination in den BLK-Programmen „21" (1999-2004) und „Transfer-21" (2004–2008); Fachkoordinator für nachhaltige Schülerfirmen in Niedersachsen im Rahmen dieser Programme; Leiter des Projektes „Schülerfirmen im Kontext einer Bildung für Nachhaltigkeit" der Deutschen Bundesstiftung Umwelt (DBU) 2001-2003; Mitglied der Projektleitung „Nachhaltige Schülergenossenschaften" in Kooperation mit dem Genossenschaftsverband Norddeutschland e.V.; Leiter des Projektes „Nachhaltiges Wirtschaften erfahren an Grundschulen" der DBU; seit 2008 Landesfachkoordinator für nachhaltige Schülerfirmen in Niedersachsen; Lehrkraft (Fächer: Wirtschaftslehre und Englisch) an der Kerchensteiner Berufsschule in Delmenhorst.

Katrin Hauenschild, Prof. Dr.
Professorin im Institut für Grundschuldidaktik und Sachunterricht des Fachbereichs Erziehungs- und Sozialwissenschaften der Stiftung Universität Hildesheim. Schwerpunkte in Lehre und Forschung: Integrative Lern- und Studienbereiche der Grundschuldidaktik und der Didaktik des Sachunterrichts, Umweltbildung/Bildung für Nachhaltige Entwicklung, Ökonomische Bildung, Inter-/Transkulturelle Bildung, Kindheitsforschung, Lehr-Lernforschung.

Volker Lampe
Wissenschaftlicher Mitarbeiter am Institut für Grundschuldidaktik und Sachunterricht des Fachbereichs Erziehungs- und Sozialwissenschaften der Stiftung Universität Hildesheim. Schwerpunkte in Lehre und Forschung: Integrative Lern- und Studienbereiche der Grundschuldidaktik und der Didaktik des Sachunterrichts, Bildung für Nachhaltige Entwicklung, Ökonomische Bildung, Lehr-Lernforschung.

Beatrice von Monschaw
Studium der Wirtschaftswissenschaften an der Carl von Ossietzky Universität Oldenburg, neun Jahre wissenschaftliche Mitarbeiterin im Fachbereich Rechts- und Wirtschaftswissenschaften; Betreuende Mitarbeiterin im DBU-Projekt „Schülerfirmen im Kontext einer Bildung für Nachhaltigkeit" (2001-2004); Leiterin des Arbeitskreises „Nachhaltige Schülerfirmen" im Raum Cloppenburg; betreuende Mitarbeiterin im DBU-Pilotprojekt „Nachhaltiges Wirtschaften erfahren an Grundschulen" (2007-2009).

Elisabeth Rieseberg
Lehramtsstudium für Grund-, Haupt- und Realschule an der Stiftung Universität Hildesheim (2004-2008). Im Jahr 2008 wissenschaftliche Hilfskraft am Institut für Grundschuldidaktik und Sachunterricht des Fachbereichs Erziehungs- und Sozialwissenschaften. Schwerpunkte in der Forschung: Lehrerbildung (Bologna-Prozess), Sachunterrichtsdidaktik in Schule und Lehrerbildung, Ökonomische Bildung und Bildung für Nachhaltige Entwicklung in der Schule.

Karin Schulze
Sozial- und Naturpädagogin, Multiplikatorin für BNE (FU Berlin), gemeinsam mit einer Kollegin Aufbau und Leitung der Koordinationsstelle Umweltbildung und Globales Lernen (KUGL), Entwicklung und Durchführung des Modellprojektes „Vernetzte Bildung für eine nachhaltige Entwicklung an Grundschulen" (2004 bis 2007) gefördert von der Deutschen Bundesstiftung Umwelt, dem EU-Förderprogramm Leader+ und Bingo-Lotto, Folgeprojekt: „Grundschulen in Niedersachsen gestalten ihre Zukunft – Module der Bildung für nachhaltige Entwicklung" (2007 – 2008), seit 14 Jahren Leitung des Projektes „Kinderacker" (Umwelt- und Gesundheitsbildung auf Biohöfen) – regionale Koordinierungsstelle bei „Transparenz schaffen – von der Ladentheke zum Erzeuger".

Inhaltsverzeichnis der CD

I. Unterrichtsbausteine für nachhaltige Schülerläden
Volker Lampe & Elisabeth Rieseberg
  1. **Baustein Geld**
  2. **Baustein Umgang mit Geld**
  3. **Baustein Arbeit**
  4. **Baustein Unsere Welt**
  5. **Baustein Wir**
  6. **Baustein Ideen**
  7. **Baustein Preis**
  8. **Baustein Produktion**
  9. **Baustein Unser Gewinn**

II. Verbindung zum Kerncurriculum Sachunterricht
Beatrice von Monschaw

III. Checkliste für Lehrerinnen und Lehrer
Beatrice von Monschaw

IV. Muster für Vertrag
Beatrice von Monschaw

V. Beispiel eines Bewertungsbogens
Beatrice von Monschaw

Umweltbildung und Zukunftsfähigkeit

Herausgegeben von Dietmar Bolscho

Band 1 Hubertus Fischer / Gerd Michelsen: Umweltbildung: Ein Problem der Lehrerbildung. Eine Untersuchung zum Stand der "Ökologisierung" der Ausbildung für das Lehramt an weiterführenden Schulen. 1997.

Band 2 Michael Bax: Umweltbildung im Gemeinwesen. Eine empirische Studie am Beispiel des Greenteams der Brinker Hauptschule. 1998.

Band 3 Gerd Michelsen / Lars Degenhardt / Jasmin Godemann / Heike Molitor: Umweltengagement von Kindern und Jugendlichen in der außerschulischen Umweltbildung: Ergebnisse – Bedingungen – Perspektiven. Bundesweite Evaluation des Greenteamkonzepts der Umweltorganisation Greenpeace. 2001.

Band 4 Katrin Hauenschild / Dietmar Bolscho: Bildung für Nachhaltige Entwicklung in der Schule. Ein Studienbuch. 3., durchgesehene Auflage. 2009.

Band 5 Dietmar Bolscho / Katrin Hauenschild (Hrsg.): Ökonomische Bildung mit Kindern und Jugendlichen. 2008.

Band 6 Katrin Hauenschild / Beatrice von Monschaw (Hrsg.): Kinder erfahren nachhaltiges Wirtschaften. Eine Handreichung für die Grundschulpraxis. 2009.

www.peterlang.de